ぐんまの自然と災害

過去を解き明かし将来に備える

上毛新聞社

まえがき

群馬県は山紫水明の地と呼ぶのにふさわしい、豊かな自然に恵まれています。火山、温泉、山岳、渓谷、平野などは、美しい景観とともに、たくさんの恵みを私たちに与えてくれています。これらはすべて、千年・万年・億年に及ぶ大地の営みによって創り出されてきたものです。

本書の執筆にあたった地学団体研究会前橋支部は、地質学の研究者、学校の教師や地学愛好家の集まりで、野外に出て群馬の自然の生い立ちを調査研究してきました。これらの成果は、研究論文として公表し、書店に並ぶ普及書として出版してきました。

このような中、二〇一一年三月十一日に巨大な東北地方太平洋沖地震が発生し、東日本大震災と呼ぶ大災害をもたらしました。それ以降、長野県北部、静岡県東部、駿河湾などの、内陸部や他の地域を震源とする大~中の地震が発生するようになり、二〇一六年には熊本地震が発生しました。火山活動も各地で活発化し、二〇一四年九月の御嶽山噴火では六〇人を超える犠牲者を出しました。二〇一五年には箱根山が噴火し、二〇一八年一月には草津白根山の本白根山が突然に噴火し死傷者を出しました。こうしたことから、東日本大震災以降、日本列島は活動期に入ったものと推測されます。

さらに、地球大気の温暖化による気象の変動は著しく、日本では台風の発生数の増加や大型化の傾向があらわれています。また、線状降水帯の発生も多くなり、二〇一五年には広島豪雨や東北豪雨の大被害が発生しています。

そこで、私たちが生活する群馬県は、これまでにどのような自然災害を経験してきたのか、改めて掘り起こしてみようということになりました。まず、どんな災害がどこで、いつ起きたのかを調べることから始めました。私たちが調べ得た災害の事実は、群馬県で発生した自然災害のすべてではありませんが、これらの災害のほとんどが、群馬県の大地の成り立ちや地形といった、自然の特質と密接な関係にあることも分かってきました。

群馬の大地に人間が生活する以前の地質時代に起きていた大規模な地殻変動は災害ではなく自然現象としてとらえられますが、人間が住んでいれば大災害となります。私たちが暮らす大地が過去に経験した出来事を解き明かすことで、そこにひそむ将来の災害の危険性を知ることができます。さらに、先人が被災の経験を伝えようとして残した言い伝えや石碑などを改めて見直し、適切な土地利用や確実な避難に結び付けていくことが大切です。

繰り返しやってくる災害の犠牲者にならないために、本書がそのお役に立てたら、執筆者にとっては望外の喜びとするところです。

二〇一八年一月　「ぐんまの自然と災害」編集委員会

もくじ

もくじ

プロローグ

1 群馬県の地形と地質

大地のかたちとそのつくり

群馬県は東方で栃木県、福島県、北方で新潟県、西方で長野県、南方で埼玉県と接しています。北東部から反時計回りに南西部にかけての県境は標高二〇〇〇メートル級の稜線で、南東部は関東平野へとつながり、大きな河川が境界になっています。地形は南向き方向に低くなる傾向があり、降った雨のほとんどは利根川に流れ込みます。

館林市や太田市、伊勢崎市、前橋市の南半部、高崎市の東半部は平野で、高崎市南西部や安中市、富岡市などは緩やかな山(丘陵地)となっています。それらの外側は急峻な山地です。

群馬県の中央部分の平野の付け根の位置に、榛名山と赤城山があります。西部の山地には四阿《あずまや》山や草津白根山、浅間山があります。北部の大きな

群馬県の地形全図。赤い部分は市街地、川や稜線が県境になっている様子がわかる。(この図は国土地理院200000(地図画像)日本－II、数値地図50mメッシュ(標高)日本－IIのデータを基に、DAN杉本氏の地図画像ソフト「カシミール3D」を使用して作成した)

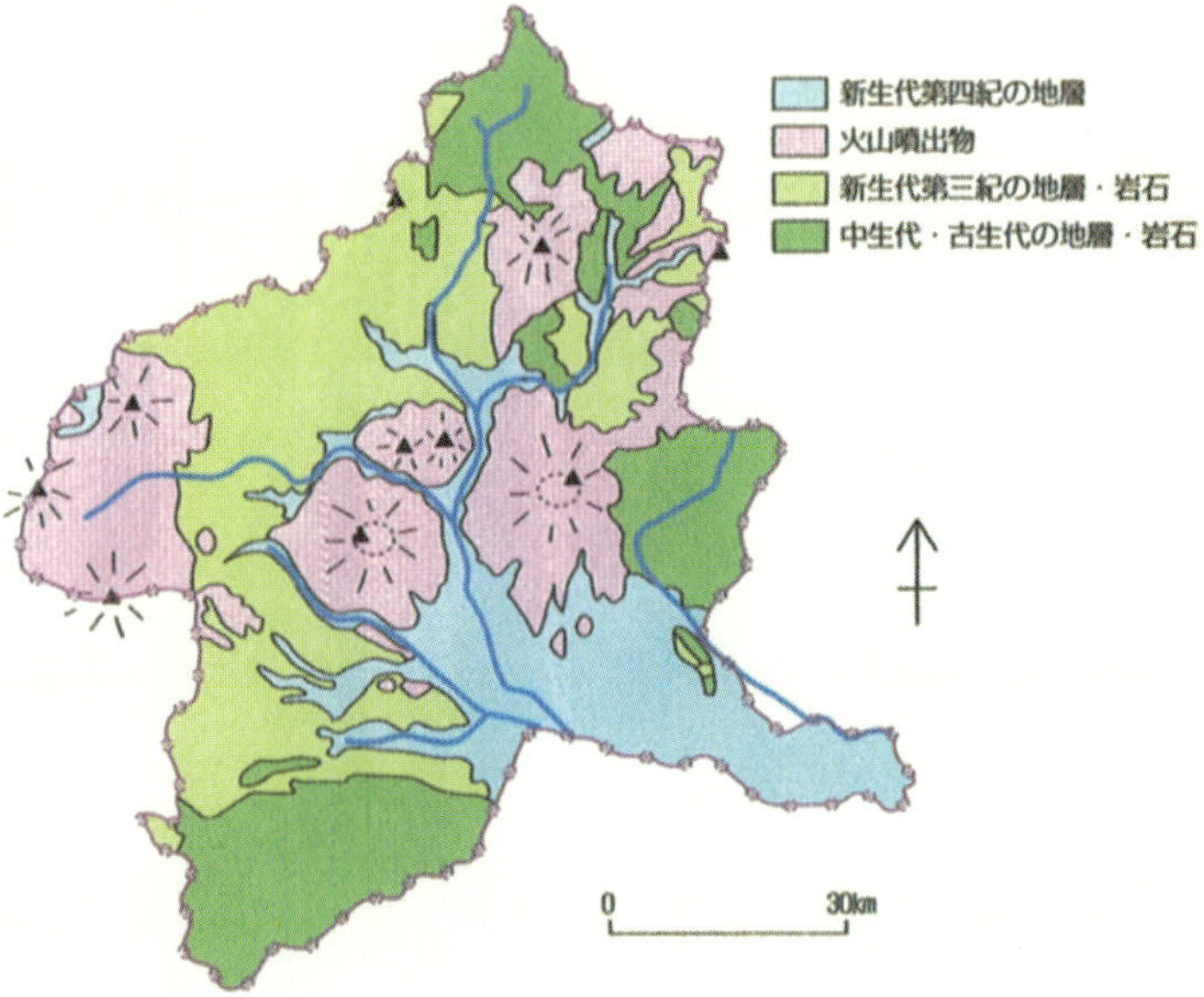

群馬の地質概略図。関東山地、足尾山地、奥利根山地には古い地層があり、東北東〜西南西の方向に、日光白根・赤城・榛名・浅間などの火山が並んでいる。山岳地帯や丘陵地には新生代新第三紀の地層が広がる。台地や平野は新生代第四紀の地層でおおわれ、地下には古い時代の地層がある

火山は上州武尊《ほたか》山で、その東方の栃木県境に日光白根山があります。

県の南西部と北東部の山地には、**中生代**や**古生代**などの古い時代の地層が分布します。また、三国山脈を構成する地層や丘陵地を構成する地層は、**新生代新第三紀**の海で堆積した地層です。これらの**海成層**は地殻の隆起運動で押し上げられて、現在は高い山地になっています。

平野部に堆積している地層は、**新生代第四紀更新世**の地層が多く、河川に沿って**台地**や**河岸段丘**をつくります。流路や氾濫原は**新生代第四紀完新世**の地層や現世の堆積物が埋めています。

河原の石は上流の地質を知るよい手掛かりとなりますので、調べに行って、風景を眺めながら大地の成り立ちを想像してみましょう。

2 群馬県の火山と災害

その恵みと災害のいろいろ

上毛三山のうち赤城山、榛名山は活火山、妙義山は数百万年前の古い時代の火山です。群馬県内の小中学校の運動会では浅間山も加わって、赤・青・黄・白の各火山名にちなんだシンボルカラーが使われています。火山はマグマの活動による地形で、その風景や周辺の温泉は観光資源として重要です。

しかし、火山の活動はさまざまな災害につながります。四万年ほど前の赤城山の噴火では大量の軽石や火山灰を太平洋まで飛ばしています。歴史時代の浅間山の噴火では大量の軽石や火山灰を繰り返し噴出し、群馬県のほぼ全域に積もらせています。古墳時代の榛名山は大規模な**火砕流噴火**で、渋川市付近にあった集落を埋め尽くしました。浅間山、草津白根山、日光白根山は、現在でも火山性地震や噴気活動、小噴火などの活動が観測され、いつ噴火するかもしれないので常時観測火山に指定されています。

常時観測火山の一つ日光白根山

火山噴火の例では江戸時代中ごろの浅間山の噴火が有名です。「浅間焼け」と称される大噴火で、大量の火山灰や溶岩流を噴出し、**土石なだれ**で鎌原村を壊滅させ、泥流が吾妻川に流れ込んで土石流や大洪水を起こし、江戸にまで達する大きな災害となりました。

火山噴火では、強い爆発の**衝撃波**で建造物に被害を与えたり、**火山弾**や火口周辺の岩石などが爆風で吹き飛ばされて落下、火口周辺の人を殺傷したりします。また、大量にまき散らされた火山灰は広い範囲に降り積もり、農作物や家屋や交通網に大きな被害をもたらします。

鬼押出し溶岩と浅間山（鬼押出し園から撮影）

さらに、**活火山**は噴火していない状態でも硫化水素ガスなどの有毒ガスを噴出しており、動植物に被害を与えています。大きな噴火や火山とは無関係の地震などの振動で、火山の山体が大きく崩れ、なだれのように流れ下ることもあり、**流れ山**をつくったり大規模な泥流発生のきっかけになったりします。

大噴火で放出された火山灰は一瞬にしてその時の地表面を覆ってしまうので、地層の中の火山灰層は、離れた地域の同時性を示す時計の針の役割を果たし、地質学や考古学などでは便利に使われています。

今は静かな火山も、ひとたび噴火すると、さまざまな災害につながるので注意が必要です。

■東宮 英文／山岸 勝治／編集委員会

3 群馬県の地震災害

「天災は忘れた頃にやって来る」

群馬県では大正十二年(一九二三)九月一日に起きた関東大震災が、地震災害として語り継がれてきました。ところが、平成二十三年(二〇一一)三月十一日の東日本大震災の被害があまりにも大きいため記憶が塗りかえられました。地震の大きさをマグニチュードMで表し、東日本大震災の原因となった東北地方太平洋沖地震はM9・0と最大級でした。この地震では、巨大津波による内陸部の浸水被害や沿岸部の都市の破壊、海岸に設置された原子力発電所の被災や事故による放射性物質の大量放出など、いまだに影響が続いています。しかし、これらの巨大地震でも、群馬県は震源地から離れていたため、最大震度六以下で、壊滅的な被害からは免れました。この二つの地震は、海底の岩盤に震源があります。

一方、内陸部の地下で岩盤が砕けたり、活断層が活動して発生する**内陸直下型地震**には、昭和六年(一九三一)に群馬県

群馬県の活断層の分布

で死者五人を出した西埼玉地震の被害があります。震源は埼玉県大里郡寄居町付近で地震の大きさはM6・9、震源の深さは約三キロで、群馬県内の最大震度は五でした。この地震は深谷断層の一部が活動したものです。また、本県は新潟県中越地震や新潟県中越沖地震でも激しい揺れに見舞われましたが、幸いにして大きな被害からは免れました。

東北地方太平洋沖地震で墓石が倒れた桐生市の墓地

それでは群馬県は地震に対して安全なのでしょうか。古文書に平安時代前期に群馬県で巨大地震の記録があって、赤城山南面が山崩れを起こしたという記述がありました。それにしたがって発掘をしたところ、遺跡が土石なだれの堆積物の下から出土したのでした。もっと古い時代の遺跡を発掘した際にも、トレンチの土層断面に**地盤の液状化**した痕跡がみつかっています。これらは群馬県が決して地震の安全地帯ではないことを物語っています。

群馬県内にも、国の地震調査研究推進機関や研究者の野外調査などにより、何本かの活断層が知られています。地震や火山噴火のような災害は、人間の時間を超えて起こりますので、今後起こりうる地震災害に備えて、過去の被災状況を認識しておく必要があります。

■中村 庄八／藤井 光男／編集委員会

4 地盤災害の種類とその原因

土地の性質と直接の原因

傾斜地で発生する地盤災害は、大雨や地震の時によく起こります。斜面の物質には常に重力により下に落とそうとする力が働いています。大雨で多量の水が浸透して重量が増したり、風化作用や地震動で土砂の結合力が弱まったりすると、ちょっとしたきっかけで崩れます。そうして起こるのが山崩れや崖崩れなどの斜面崩壊です。大規模な斜面崩壊には火山噴火や大地震が原因で山体が崩れ落ちる山体崩壊があります。さらに、大雨が降って背後の山地で斜面崩壊が発生すると、崩れた土砂が河川水を巻き込んで沢筋や河川を流れ下る「土石流」になります。激しく沢筋を流れ下る土石流は「山津波」とも言いますが、流れの先頭に巨岩があるため破壊力が大きく、被害の規模を大きくします。

「地すべり」は地下の滑りやすい「すべり面」を境にして、その上の地盤の土塊があまり崩れることなく、ずり下がるように移動する現象です。地すべりの活動も台風や集中豪雨などをきっかけに浸透し

路肩の崩落（小規模な斜面崩壊）

た水が引き起こすことがあります。不安定な「地すべり土塊」は釣り合いがとれて安定するまで動く性質があり、地震のショックでも動くことがあります。

一方、平野部での地盤の災害には、地下水の過剰なくみ上げを原因とする「地盤沈下」があります。地盤沈下が起きると、地上の建造物が傾いたり、地下に埋め込んである水道管やガス管が引きちぎられたりして、日常生活に大きな影響を与えます。

地盤沈下で抜け上がった広告塔の基礎。周囲の地面が下がっている。（館林市日向町　2015年2月）

よく固まっていない完新世の地層や埋め立て地などでは、地下水の流れなどで地下に空洞ができて陥没し、地表に穴が開くことがあります。また、激しい地震の揺れに襲われると、地下水と土の粒子が混じり合って液体のようになり、ときには流動することもあります。これが地盤の「液状化現象」で、地震による建物の倒壊の大きな原因になります。

土地利用にあたっては、災害の履歴や周辺の地形や地質、造成の経過などにも関心を持つことが大切です。

■大塚 富男／野村 哲／中島 啓治／編集委員会

5 気象災害

地球温暖化で激化

水は、植物にとっては光合成の原料として、人間にとっては生活を維持するために必要不可欠です。まったく降水のない日照りは干害を引き起こし作物を枯らしてしまいます。また、短期間に多量の降水があると、水害や土砂災害などの原因になります。冬の豪雪、春夏秋の豪雨は、狭い範囲に集中すると災害をもたらします。そして、それを引き起こす要因は、台風や発達した低気圧、**梅雨前線**や**秋雨前線**などの気圧配置が関係します。集中豪雨は離れた位置にある台風などが前線を刺激して**線状降水帯**をつくり、狭い範囲に長時間にわたって大雨を降らせることで発生しています。

地上の風は高気圧から低気圧に向かって吹きます。西高東低の冬型の気圧配置は強い北西の風を吹かせ、からっ風の原因となります。日本海に強い低気圧があるときには、南からの強風が**脊梁《せきりょう》山脈**を越えて日本海側の地域に、乾燥した高温の強風となって吹き下ろす**フェーン現象**を引き起こします。

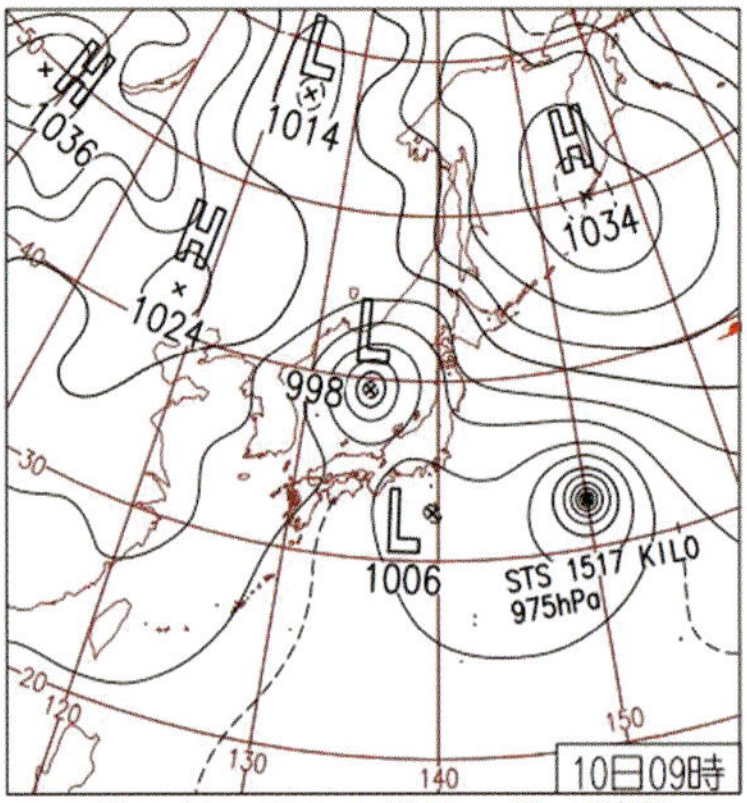

日本海の低気圧と台風第17号の影響で、関東・東北南部で大雨続き、栃木県五十里では9日～10日の降水量602mm。栃木県と茨城県に大雨特別警報を発表。鬼怒川で氾濫。

2015年関東·東北豪雨の天気図(気象庁 HP「日々の天気図」より)

フェーン現象は大火の原因の一つになります。からっ風は冬のフェーン現象の性格を持っていますから、防火対策は大切です。

季節によらず強烈な上昇気流が発生し積乱雲が発達することがあります。激しい雨や雹《ひょう》を降らすだけでなく、狭い地域に強風が吹き、**竜巻**や**ダウンバースト**のような突風を引き起こします。雷は発達した積乱雲と地上の間に見られる放電現象で、そのエネルギーが強大なため、電流の通過点になったものは、激しい損傷を受けますので注意が必要です。

農業には一定の気温と降水が必要ですが、春先の早朝の低温は**霜**害を起こし、農作物を凍らせてしまいます。

2014年2月の大雪で屋根が落ちた高崎中央銀座商店街のアーケード（高崎市民新聞）

大気の動きをコントロールはできませんが、観測機器の発達で大気の状態の把握が正確にできるようになりました。災害に結びつく恐れのある状態が分かるので、事前に対策が立てられるようになってきました。しかし、地球温暖化現象が顕著になるにつれて、これまでに経験したことがないような異常気象が頻発するようになってきました。

■山岸 勝治／編集委員会

6

防災と減災の文化

災害と生きる庶民の知恵

奈良・法隆寺の五重の塔は、創建以来一三〇〇年もの時を超えて、現在もその美しい姿を見せてくれています。地震大国日本にあって、あのような木造高層建築が現存するのは驚異としかいいようがありません。そこには、地震に対する匠の知恵が生かされた「心柱」による免震構造が今も働いているからです。このように災害から財産や生命を守るためには優れた科学技術が有効です。

古来、地震や台風、火事、雷、火山噴火などの災害に対して人々は無力でした。ただそこから逃げるのが精いっぱいで、それでも多くの人が犠牲になってきました。その経験から、各種の災害が「神」によって引き起こされるという自然信仰にたどりつきました。「八百万《やおよろず》の神」というようにすべてのものにはそれを支配する神がいて、災害は神

群馬県内にあるダム(赤:県営ダム、 青:直轄・水機構ダム)
群馬県土整備部河川課 HP より

の怒りで起こると考え、その神をまつる神社が創建されました。災害から守ってくれる神を常時身近に置く手段としてお札やお守りがつくられました。社会構造が複雑になると、人々に代わって祈りを捧げる祈《き》祷《とう》師・拝み屋というような職業も現れます。

襲い来る災害から身を守るのには避難するのが一番です。あらかじめ災害の発生が分かれば難を逃れることができます。その土地の災害の経験を石に刻んで記念碑として残し、地名として土地の性質を後世に伝えています。現在では、地震・火山活動、気象の観測網が充実し、それぞれの災害の性質から防災策を講じるようになっています。

前橋市平和町一丁目に古くからある雷電神社

多くの活火山がある群馬県では、火山災害の発生が心配されます。さらに、山がちの地形は、地球温暖化で凶暴化する台風や集中豪雨による洪水、土石流の発生が心配されます。ダムの貯水効果は洪水調節に役立ちます。

あまり地震の発生が報じられない群馬県ですが、M9・0の東北地方太平洋沖地震（東日本大震災）以来、日本全国で地震が多発していますから、他人事ではいられません。自分が住んでいる場所の被災環境を理解するとともに、災害発生を想定した行動計画を立てておくことがますます重要になってきています。

■山岸 勝治／編集委員会

コラム 1

地域の助け合いで災害の被害を減らしましょう

最近、山地の村で、土石流の兆候を早期に把握し、避難などの情報は行政に任せるのではなく住民自身の手でと、観測を始めた例がテレビ番組で紹介されました。区長さんや自治会の役員の人たちが、ペットボトルを利用した手作りの雨量計で降雨の記録をとり、沢水の量や濁りなどを観察して、いち早い避難の準備に結びつけようというのです。土砂災害の前兆現象には、①斜面から小石が落ちたり、電線が緩んだり引っ張られたりする、沢(渓流)の水が濁るなどの見て分かる変化があります。②家がきしむ、根の切れる音が聞こえるなどの音の異常があります。③土が焼けたり木が焦げるにおいがするなどのにおいの異常もあります。④急に地面が揺れるようになったなど、体に感じる異常もあります。常日頃暮らしている場所ですから、急におかしな現象が現れたら、一人だけの感覚に頼らず、近所の方の感想も聞いてみると良いでしょう。斜面に亀裂が現れたら、地すべりの前兆現象の可能性もありますので、見過ごすことなく行政の防災担当部署に連絡しましょう。

災害の発生は地域の特性と関連しますので繰り返すことがあります。古人の経験が、石碑や供養塔などの形で残されたり、地名として伝えられたりしています。

物干しの支柱に固定した手作り雨量計

大家族制が崩壊して核家族化している今だからこそ、地域で協力して防災に努めることが求められています。

(中島 啓治)

第1章　群馬の火山災害

1 火砕流に埋もれた古墳時代の集落

榛名山二ツ岳の大噴火

二〇一二年の暮れ、考古学上の大ニュースが全国を駆けめぐりました。渋川市の金井東裏遺跡で、国内で初めて甲《よろい》を着た古墳時代の人骨が出土したことでした。

榛名山の二ツ岳は古墳時代に二回大きな噴火を起こし、一回目は五世紀末から六世紀初頭に、二回目はそれから五〇年後の六世紀半ばに起こりました。甲着装人骨は一回目の大噴火の時、大規模な火砕流に被災した人で、厚さ約三〇センチの軽石層直下に埋もれていました。首長クラスの人と見られています。この他、乳児・幼児・成人女性も出土し、少なくても四人分の人骨と、多数の人の足跡、馬のひづめ跡などが発見され、当時の社会や生活の様子などを知る上で極めて重要な遺跡として注目を集めています。

火砕流は数百度の高温の火山灰・軽石と火山ガスの混じった背の高い雲を伴った砂嵐で、斜面を時速一〇〇キロを超える高速で流れ下るため、逃げる間もなく、動物も草も木も一瞬のうちに焼き尽くされてし

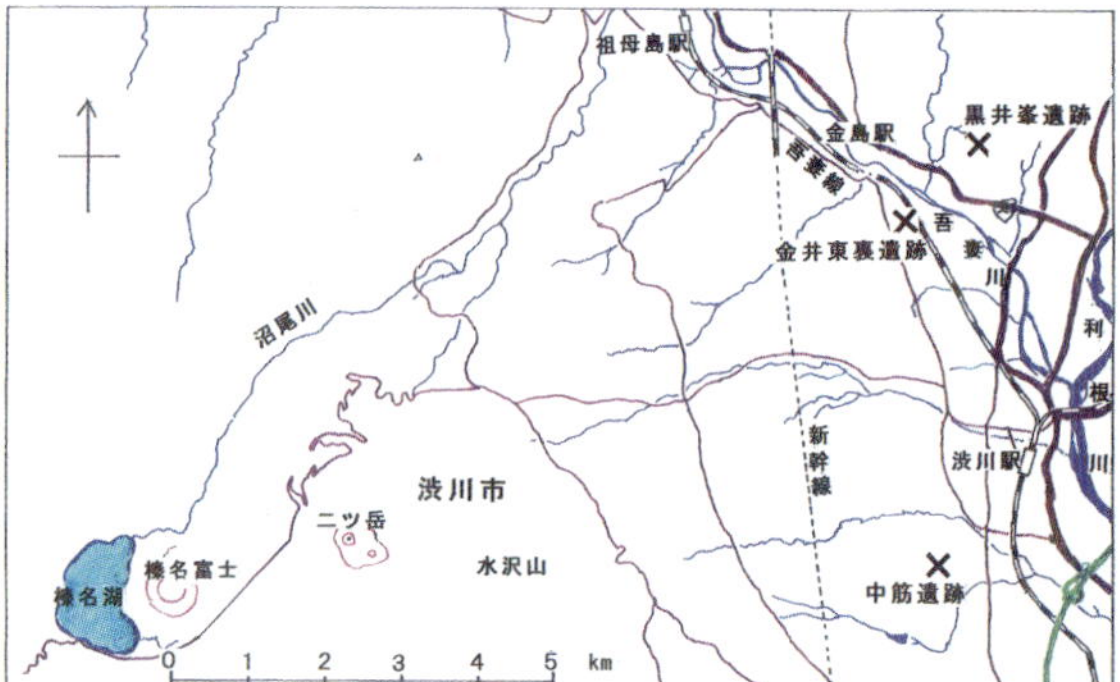

榛名山麓の遺跡（×印）の分布、案内地図

まいます。

榛名山麓一帯には古墳時代のこのような火砕流で被災した遺跡が点々と分布しています。渋川市行幸田《みゆきだ》の中筋《なかすじ》遺跡もその一つで、炭化した竪穴住居の柱や木製品、垣根、道、畑などがほぼ完全な形で残されていました。金井東裏遺跡と同じ一回目の噴火で埋没した村落です。

およそ五〇年後、二ツ岳は再び活動を開始しました。この時の噴火は軽石を噴出する爆発的な噴火から始まり、火砕流を噴出する大噴火へと変わり、多量の軽石を火山の周辺に厚く堆積させました。伊香保町付近では軽石層の厚さが一〇メートル《メートル》に達するところがあります。この二回目の噴火で埋没した遺跡で代表的なものは、日本のポンペイと称される渋川市子持地区の黒井峯《くろいみね》遺跡です。

古墳時代には火山噴火の規模など観測できませんでしたから、噴火の影響の及ばないところまで逃げるか、噴火が収まるまで待つしかありませんでした。その判断の違いが命運を分けるのは、昔も今も変わらないのです。

■宮崎 重雄

金井東裏遺跡から出土した甲着装人骨
（提供／群馬県教育委員会）

2 日本のポンペイ 黒井峯遺跡

古墳時代後期のタイムカプセル

日本のポンペイと呼ばれる黒井峯《くろいみね》遺跡は、吾妻川左岸の台地上にある、六世紀中ごろの古墳時代後期の集落遺跡です。榛名山が噴出した二ツ岳軽石は、軽量コンクリートブロックの材料で、旧子持村（現渋川市）での軽石の採取中に、厚い軽石層の下から、竪穴式住居跡などが発見され、発掘によって広範囲に及ぶ遺跡であることが分かりました。

古墳時代のある日のこと、黒井峯の南西一〇《キロ》にある榛名山が噴火しました。山は大量の軽石を次々に噴き出し、やがて辺りは一面真っ白な軽石に覆い尽くされてしまいました。この大量の降下軽石や火砕流の噴出という一連の噴火活動の最後に、粘性の大きな溶岩による**溶岩ドーム**から三つの峰が成長し、二ツ岳が生まれました。

それから約一五〇〇年後の昭和五十七年（一九八二）一月、二《メートル》もの厚さに積もった軽石の下から、被災当時のままの姿で現れた集落の姿は、ベスビオス火山の噴火で壊滅的な被害を受けたイタリアのポ

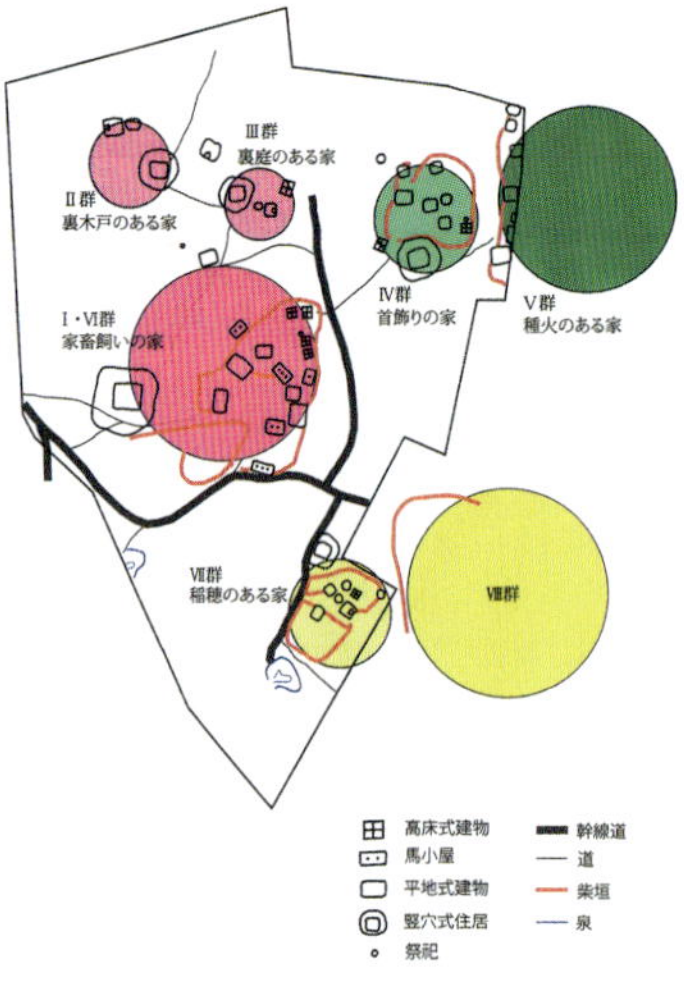

黒井峯遺跡基本単位群模式図

黒井峯遺跡基本単位群模式図
（平成26年度調査遺跡発表会資料より）

ンペイ遺跡に勝るとも劣らないものでした。降下軽石が当時の地表面や建物などをごく短い時間のうちに埋め立てたため、村の様子を当時そのままの姿形《すがたかたち》で数多くとどめていたことで、それまで得られなかった新しい情報がその後の発掘調査によって明らかにされました。黒井峯遺跡の発見によって、今までは十分に分からなかった古墳時代の集落の姿を明らかにする村が、私たちの目の前に忽然《こつぜん》と現れたのです。このような重要性が認められ、平成五年（一九九三）、国の史跡に指定されました。

黒井峯遺跡から榛名山を望む（写真中央手前は水沢山、その右奥が二ツ岳）

当時の暮らしの一つのまとまりは、垣に囲まれた建物や畑と、垣の外にある竪穴式住居から構成されていたようです。垣の内側には、平地式建物や高床式建物、家畜小屋がいくつもあり、小さく畝《うね》立てされた畑もあります。垣内の地面は硬くしまっており、屋外の作業場などとして使われていたようです。樹木も生えており、中には根元で「まつり」が行われていた場所もあります。近くの台地の斜面に生活に必要な水を汲む泉がありました。

榛名山が噴き出した厚い軽石層に隠されていた遺跡から、突然に村を襲った火山災害の激しさと、これを乗り越えて連綿と営まれてきた先人の努力に思いをはせてみましょう。

■中島 啓治

3 浅間山から流れ下った岩神の飛石

二万四千年前の火山大崩壊

前橋市昭和町の「岩神稲荷神社」では、本殿の奥に地上部だけでも高さ一〇メートルにもなる赤黒い「岩神の飛石」が堂々たる姿を見せています。この岩は火山の火口付近で噴火の時の熱い火山弾のしぶきなどが厚く積もってできた火砕成溶岩です。この岩と同じような岩が、吾妻川沿いに点々とあります。最近の前橋市の詳細な調査によって、岩神の飛石は、赤城火山起源ではなく、吾妻川上流の、古い時代の「浅間火山」の大崩れによって流れてきたものであることが分かりました。

日本に多い成層火山は噴火を繰り返しながら成長し、富士山型の山をつくります。その急傾斜の山体はとても不安定で、噴火や地震などで大きく崩れることがあり、これを山体崩壊と言います。山体崩壊した物質は**岩屑《がんせつ》なだれ**となって下流へ流れ下ります。今の浅間火山とほぼ同じ場所に、かつて大きな富士山型の古黒斑《こくろふ》火山《かざん》がありました。古黒斑火山は、今から二万四千年ほど前に、上昇してきたマグマで傾き、ついには東側に大きく崩れてしまいました。重しがとれたマグマは激しく発泡し、噴

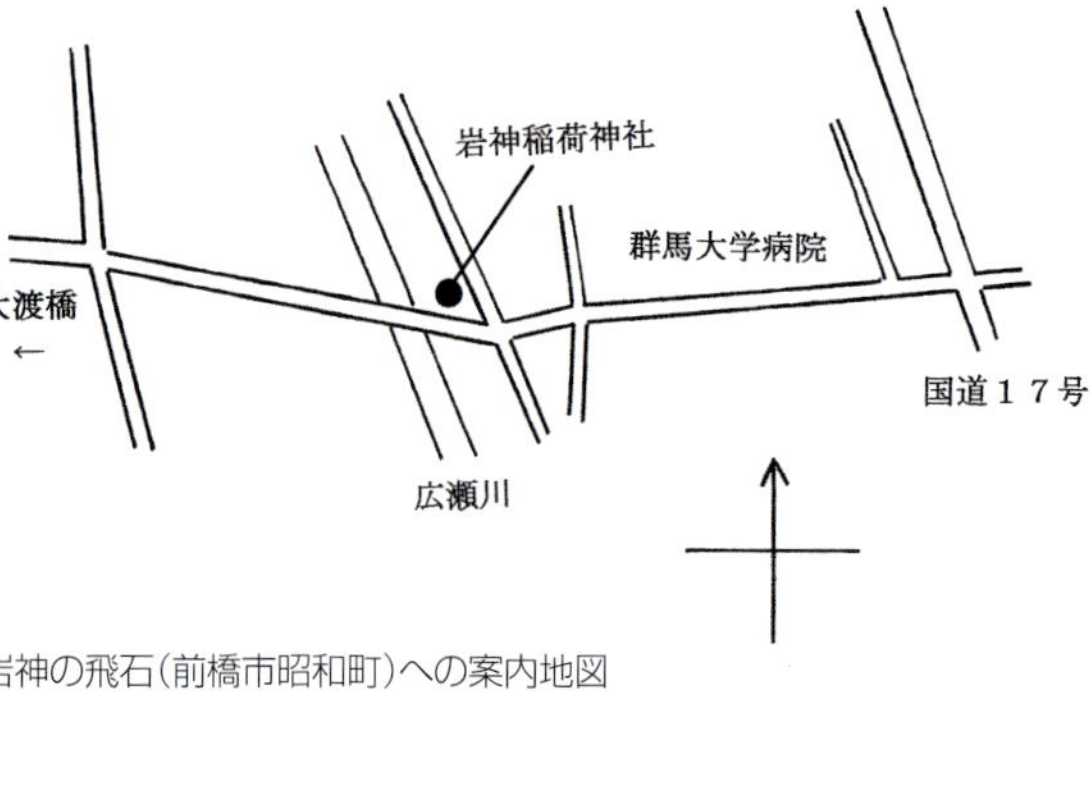

岩神の飛石（前橋市昭和町）への案内地図

出した大量の軽石の多くは上空の西風に乗り群馬県内に広く積もりました。

　このときの岩屑なだれは、まず東に流れ落ち、さらに北と南へ分かれ、流れ山と呼ばれる小山を残しながら流れ下りました。北への流れは吾妻川に入り、水を含みながら利根川に流れ込み、現在の前橋や高崎まで流れ下りました。群馬県庁がある前橋台地は、このときに流れた土砂からできています。岩神の飛石が立っている場所は、当時は利根川が流れていました。飛石は、岩屑なだれに含まれていた大きな岩が、利根川の流れが周りの土砂を洗い流して見えているものです。

　当時の岩屑なだれが通り過ぎたり堆積したりした場所には、現在多くの人々が生活しています。現在の浅間火山が、将来また大きく崩れる可能性は低くありません。大きな災害とならないよう、浅間火山の様子にはいつも注意をしている必要があります。

■東宮　英文

東側から見た岩神稲荷神社の社殿と飛石（前橋市昭和町）

4 一七〇〇年前の水田に重なる平安時代の水田

発掘された日高遺跡

一七〇〇年前の弥生時代の水田跡が発掘されて全国の話題になった日高《ひだか》遺跡は、平成元年（一九八九）に国指定史跡となり、関越自動車道は水田跡の上を高架橋で通す方法で永久保存されています。

昭和五十一年（一九七六）の予備調査の終了間際、遺跡の掘り下げをしたところ、人間の手によって打ち込まれた木材が発見され、弥生水田跡の存在が初めて考えられるようになりました。昭和五十二年（一九七七）から本格的な発掘調査が行われ、現在の水田から約五〇～七〇《センチ》の深さに、平安時代末期の一一〇八年に浅間山の噴火によって降下、堆積した軽石層が存在し、その直下に平安水田跡の存在が明らかになりました。

この水田跡は幅一〇～一四《メートル》ほどで、ほぼ整然とした区割りを示し、**条理水田**の名残を良好にとどめていました。さら

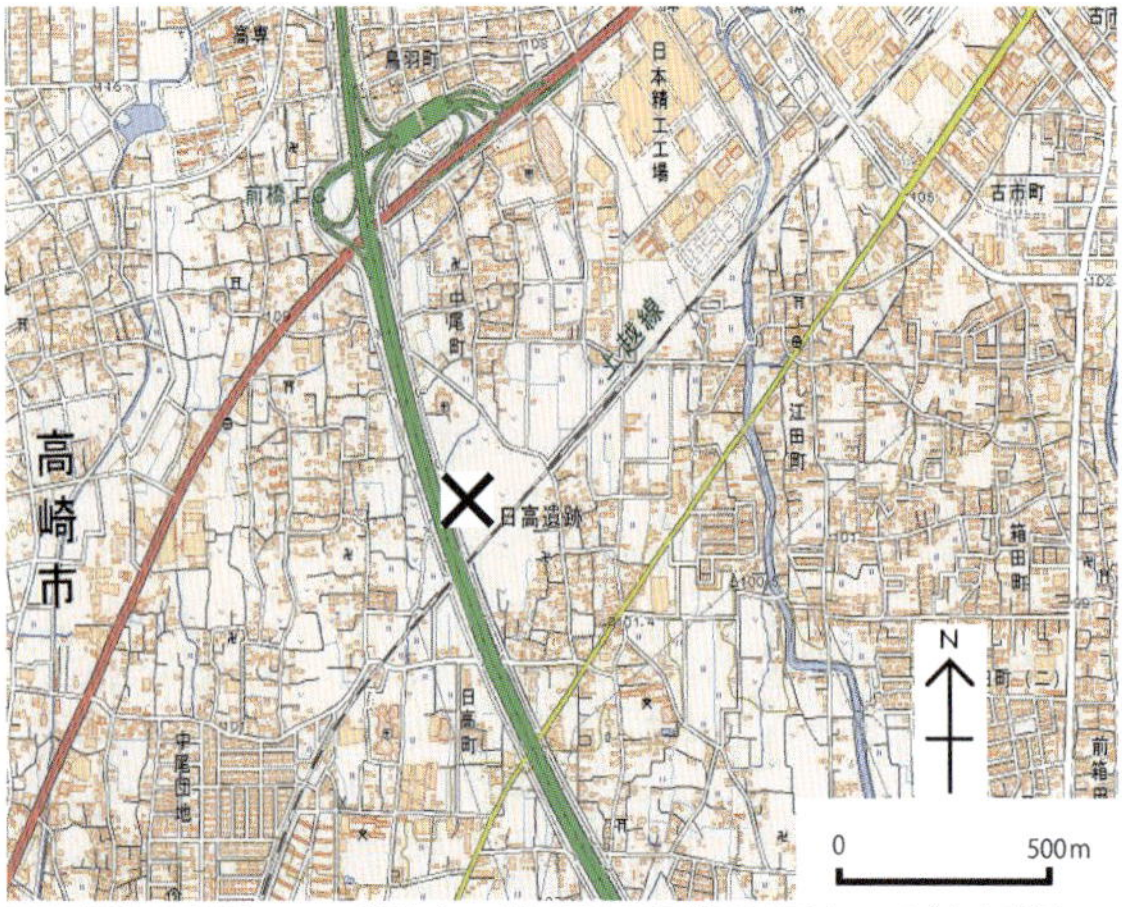

日高遺跡の位置　×印地点　「地理院地図（電子国土 web）に加筆」

発掘当時の日高遺跡の様子

に約三〇〜五〇センチほど下に六世紀後半の古墳時代に噴火した榛名山二ツ岳の火山灰層が存在します。

ところが、この火山灰層をはさむ古墳時代の土層には水田が営まれた証拠がありません。その下約三〇〜四〇センチほどの深さにある弥生水田跡が、四世紀初頭から三世紀末の弥生時代末期に降下した浅間山軽石層に覆われて存在します。弥生・平安時代の水田跡はともに浅間山の軽石層に厚く覆われ、良好な保存状態でした。弥生・平安時代の水田跡がこのようにくっきりと残されていたのは、浅間山が噴火した時の火山灰が当時の水田に堆積し、耕作不能となって放置されていたためとみられます。

日高遺跡における地層は、榛名山南麓から東南流する中小河川によって形成された扇状地状になっており、その裾部から湧出する小河川が網目流になって遺跡周辺に流出していました。その小河川の一つから流れ出て河川状湿潤地に堆積した泥炭質の堆積物に浅間山や榛名山の軽石、火山灰層がはさまれています。

その中に含まれている珪藻《けいそう》化石の分析によって、河川状湿潤地の環境変化の様子と、水田として管理された良好な状態にあったことが分かっています。

火山噴火の降灰は当時の人々にとっては災害ですが、その時代の様子を今に伝える貴重な出来事なのです。

■中島 啓治

5 鎌原土石なだれが生まれた秘密

鬼押出し溶岩が生みの親

天明三年（一七八三）の浅間山大噴火は、旧暦の四月から七月初旬にかけて断続的な噴火をしており、七月八日に大噴火をしました。この噴火で発生した土石なだれが北麓の鎌原《かんばら》村を襲って、村民の八割を超える死者四七七人を数える大災害を引き起こしました。

「天明四年　浅間大変覚書（無量院住職手記）」『天明三年浅間山噴火史料集　上』（東京大学出版会：一九八九）」には、「同八日大焼の事　八日昼四ツ半時分少鳴音静なり、直に熱湯一度に水勢百丈余り山より湧出し、原一面に押出し谷々川々押払ひ、神社仏閣民家草木何によらず、たつた一おしにおつはらい、・・・」とあります。〝熱湯がものすごい勢いで三〇〇メートル余りにわたって山から噴き出し〟という噴火の様子を伝える記録は、浅間押しが単なる火砕流ではなかったことを示しています。これは激しい**水蒸気爆発**が起こったことを記録したものでしょう。

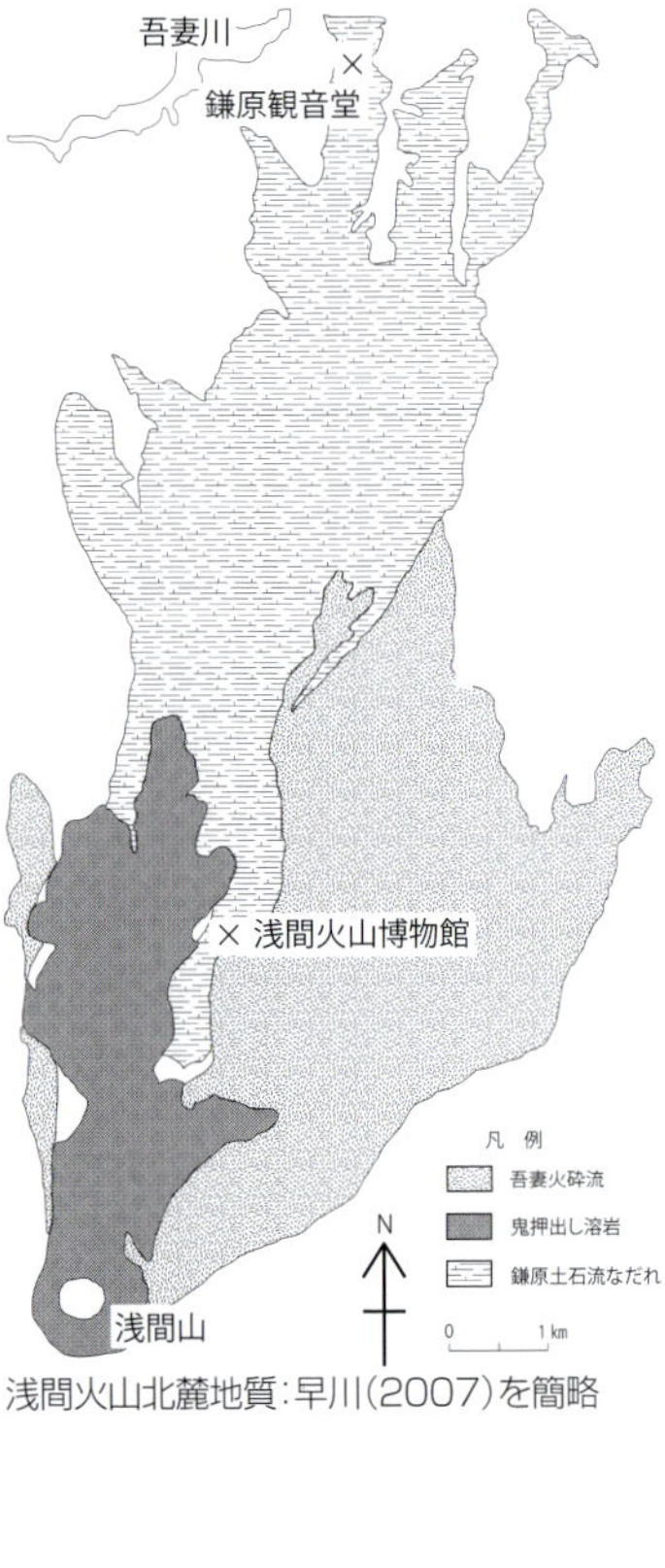

浅間火山北麓地質：早川（2007）を簡略

『浅間火山の地質』（荒牧重雄：一九六八）には、「火口から水平距離で北へ約八キロへだたった地点では鎌原火砕流の運動エネルギーは急速に減少し、又地表水を多量にとりこんで高温の泥流へと移化していった」とあります。鎌原村の昭和五十四年（一九七九）からの発掘調査での実態は、「一部の高温の火石の混じった常温に近い泥や水の流れ」だったようです。

『天明三年浅間山噴火史』（萩原進：一九八二）には、「六里ケ原にいくつか池沼があったのでその水を包んで**火山屑流**《せつりゅう》が流れ下ったとか、地表水が噴火前に減水したことから、地中に吸い入れ、それが爆発と共に吹き出したという説もあるようである」と記されています。

浅間北麓の二万五千分の一地質図（早川由紀夫：二〇〇七）には、「鎌原土石なだれは、山頂ではなく鬼押出し溶岩の先端から発生した。柳井沼という湿地を鬼押出し溶岩がおおったことによって激しい水蒸気爆発が起こり、**鎌原熱雲**が発生した。この爆発と同時に、北山腹の地表を占めていた大量の土砂が動き出していっせいに北へ流れ下った」とあります。

六里ケ原に存在したであろう柳井沼のような池沼に流れ込んだ鬼押出し溶岩による水蒸気爆発と、大量の水分の供給と、巨大地すべり土塊の移動で鎌原土石なだれを説明することができます。

■中島 啓治

（上）渋川市金島の浅間石（吾妻川右岸）
（下）坂東大橋下流の浅間石（利根川右岸））

6 巨大な岩塊を運んだ天明泥流

浅間火山の噴火の威力を伝える巨石

天明三年（一七八三）、浅間火山の噴火に伴い発生した火山性泥流は、群馬県北西部の吾妻川を流下し、利根川に流入しました。この泥流は「天明泥流」と呼ばれ、浅間火山北麓や河川沿いで約一五〇〇人の命を奪い、浅間火山噴火記録史で最悪の被害をもたらしました。このときに泥流とともに運ばれてきた巨大岩塊は「浅間石」と呼ばれ、現在の河床より数メートル高い下位段丘面上の田畑中に取り残されました。中之条町では、加速した流れが河床より約二〇メートル高い段丘面上まで押し上がり、そこに置き去りにされた浅間石もあります。

上越新幹線の高架橋が吾妻川を横切る渋川市川島地区には、平成以前には浅間石が下位段丘面の田畑中に数多く残されていましたが、現在は県指定天然記念物に指定された「金島の浅間石」がわずかに残るのみとなっています。

同様に、吾妻川が利根川と合流した、下流の渋川市中村地区にも多くの浅間石が残されていましたが、宅地造成や高速道路の建設な

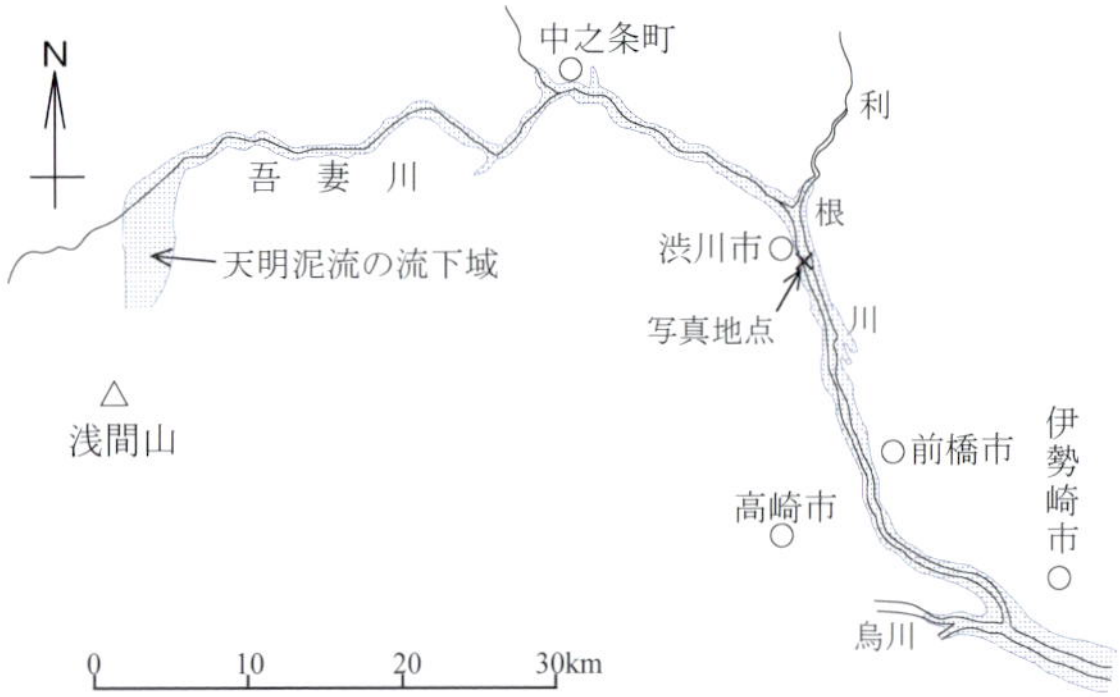

天明泥流の群馬県内の流下範囲
（関俊明他、みやま文庫222、2016より）

どによって消失しました。現在、渋川市武道館東側の駐車場端に市指定天然記念物「中村の浅間石」がありま す。この浅間石はかつて関越自動車道渋川インターチェンジ南の私有地内にありました。保存のため、その場所で小ブロックに分断され、再度この場所で高めに積み上げられました。

浅間石は火が燃え煙が立つ「火石」として吾妻川沿いの吾妻郡内の地方史誌をはじめ、利根川中流域の『新田郡世良田村誌』（現在は太田市）などの資料に記載されています。前述した浅間石群のあるものは、磁化測定によりキュリー温度（三九五〜四〇〇度）以上を保っていた「火石」であったことが二〇〇年以上の時を経過した近年の研究から立証されています。

渋川市立武道館脇に再現された浅間石。標柱の高さが2.5m

天明泥流のように想像を絶する火山災害の実態は、後世に至って新たな視点から検証されることもあります。自然災害の被害状況を詳細に記録しておくことや、諸条件が許すならば、災害遺産として保存し、後世の人びとに知ってもらうことも大切です。

■中村 庄八

7 火山噴火の地球規模の影響

天明の大飢饉

平成二十二年（二〇一〇）にアイスランドの火山が噴火して、ヨーロッパを離発着する旅客機がしばらく欠航した出来事がありました。このときは噴火で放出された火山灰が高さ一万六〇〇〇メートルにまで達し滞留したため、飛行の安全が確認されるまで、空港が閉鎖されていました。

江戸時代の天明三年（一七八三）八月に浅間山が大噴火をしました。この天明年間は気候が寒冷化したために農作物が育たず、大飢饉が発生していました。気候の寒冷化の原因には、太陽活動の低下やエルニーニョ、火山噴火の影響があります。

平成三年（一九九一）のフィリピンのピナツボ火山の噴火は爆発的で大量の火山灰や火山ガスを成層圏まで噴き上げました。火山ガスに含まれる二酸化イオウは大気中の物質と化学変化を起こして硫酸エアロゾルという微粒子になり、なかなか落ちてきません。その微粒子が偏西風などに流されて横に広く薄く流れて、長期間にわたって太陽の光を遮り続けると、地上では日

日傘効果の概念図

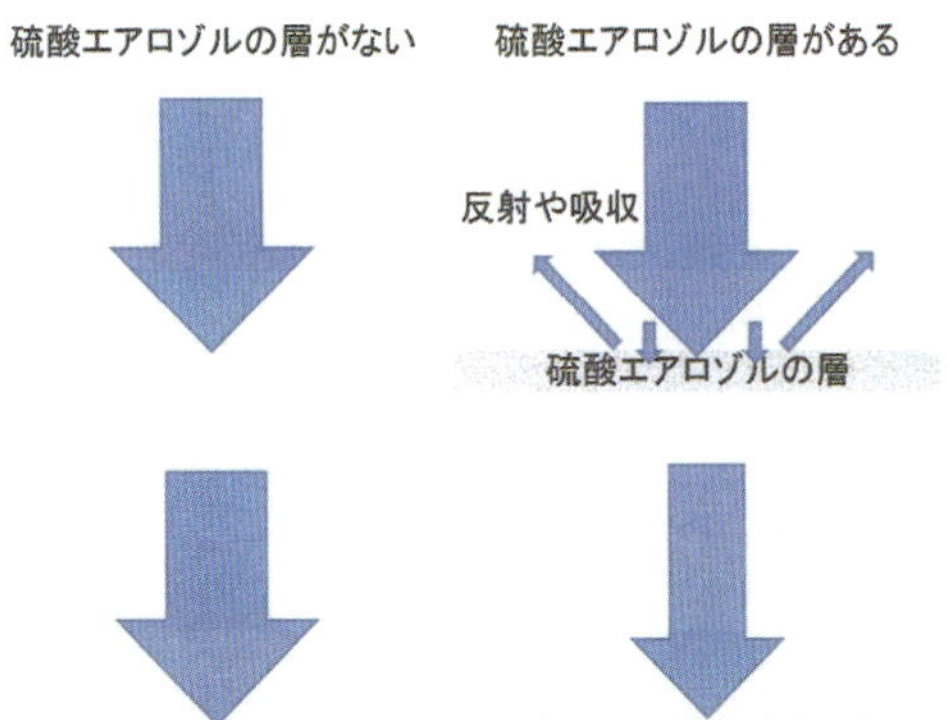
地表への日射量が減少する

地表への日射量が減るしくみ

照不足が起こって気候の寒冷化を起こします。

ピナツボ火山の噴火では北半球の日射量が五パーセントも低下して、噴火の後の二年間は北半球で〇・六度くらいの気温低下があり、影響はその後一〇年間くらい続きました。火山の噴火の規模を表す火山爆発指数は、０から８の九段階があって、数値が１大きくなると噴出物の量が一〇倍になります。実は浅間山が噴火する直前の天明三年六月にアイスランドのラキ火山が大噴火をしており、その火山爆発指数は一九九一年のピナツボ火山噴火と同じ６で、天明の浅間山噴火は４でした。ラキ火山の噴火の影響で、北半球の全域で寒冷化が起こっていたのです。

1991年のピナツボ火山の大噴火（AFP 通信）

加えて、浅間火山の噴火で広範囲に降った大量の火山灰は作物の上に積み重なり、農地を荒れ地にしました。そのため、気候の寒冷化による農作物の生育不良に加えて火山噴火によるさまざまな悪影響が積み重なって凶作となり、大飢饉が発生したのでした。

地球のどこかで起こった、巨大な火山噴火は、地球全体の気候を寒冷化させて、農作物の生育に甚大な影響を与えているのです。身近な火山だけでなく、海外の火山活動が私たちの生活に影響を及ぼすことがありますので、注意が必要です。

■山岸 勝治

8 浅間山降灰の桑田への被害

天明三年の浅間山噴火の影響

江戸幕府は全国に養蚕を奨励し、群馬県でも養蚕が盛んでした。そんな中、天明三年（一七八三）に浅間山は歴史に残るほどの大噴火を起こしました。噴出した浮石質の礫《れき》、砂、灰は、浅間山の東南方面にひらける関東一円に落下し、田畑、山野に広く厚く堆積し、農業その他に多大な災害を与えました。天明浮石が堆積した中心は、離山、旧軽井沢、碓氷峠、松井田、安中、熊谷、犬吠崎付近を通って太平洋に向かう方向です。関東の北部および中部の諸地域は古来養蚕業の中心地であり、桑田の多い地域でした。微細の針状浮石灰が桑田に落下すれば桑の葉にささり、水洗いなどによって除去することはほとんど不可能ですから、蚕に与えることはできないのです。近年の浅間山の小爆発で、わずかな火山灰が群馬県下の桑田に降下しても多大な損害を与えたことは、しばしば報告されていますから、天明三年の浅間山噴火では大変な被害を受けたことでしょう。

浅間山の降灰による養蚕への被害は、安中市の元養蚕農家の話では、「桑の葉についた降灰は、ジャリジャリが少なくて

昭和十年以降に於ける降灰被害回数

年次	昭和十年	同一一年	同一三年	同一五年	同一八年	同一九年	同二三年	同二四年	同二六年	合計
被害回数	二	一	一	二	二	一	一	一	一	三

群馬県蚕糸業史、昭和30年8月5日、p.508

乾いていれば叩いて落とすが、濡れているのはためておいた雨水で洗ったものを食べさせるしかなかった。蚕は敏感で、繭になる直前の発育段階が五齢まであるので四回休むのだが、三回休んだところで頭を振るだけの吐糸不能蚕になり繭を作らないで死んでしまった」ということでした。

安中市史第三巻民俗編（一九九八）には、「昭和十年代までは、浅間山はひんぱんに噴火していたもので、風向きの関係もあって、安中方面にはその都度灰が舞って来た。細かい砂が野菜や桑の葉にうっすらと積もり、漬け物にも影響があったが、特に養蚕は、浅間砂を食べた蚕が消化不良をおこすこともあって苦労したものである」とあります。

別の資料では、農家にとって気象災害の次に大きな自然災害は、火山の降灰特に浅間山噴火による被害であるとまで言っています。

火山は山麓一帯に豊かな土壌や温泉などの恵みを与えてくれますが、噴火による被害には大きいものがあります。火山山麓に生活する私たちは、その功罪を意識しつつ、火山とともに暮らす覚悟が必要でしょう。

■中島 啓治

浅間山爆発で横川・新開に降った火山礫
（1973年2月1日：各地に降灰）

9 草津白根山の噴火と災害

草津温泉を生み出す活火山

群馬県北部と長野県の県境にある草津白根火山は、約六〇万年前に噴火を始めました。以来、約五五万年前～三〇万年前ころの間に大規模な火砕流を噴出し、南東方向へ流れて現在の草津温泉をのみ込みさらに白砂川付近まで到達し、南は吾妻川にまで達しました。約三〇〇〇年前にも溶岩の一部が天狗山スキー場辺りまで達する噴火をしています。

気象庁のデータによれば明治以降でも小規模噴火を含めると五〇回以上の水蒸気爆発を起こしています。エメラルドグリーンの神秘的な湯釜火口湖を眺めていると、静かに見える草津白根火山も今なお油断のならない活火山だと言えます。

近年の噴火災害を調べてみると、明治三十年（一八九七）に湯釜付近の噴火によって負傷者を出していますし、昭和になっても一〇回ちかくの水蒸気爆発を起こしています。

昭和七年（一九三二）には火口付近で水蒸気爆発による噴石に

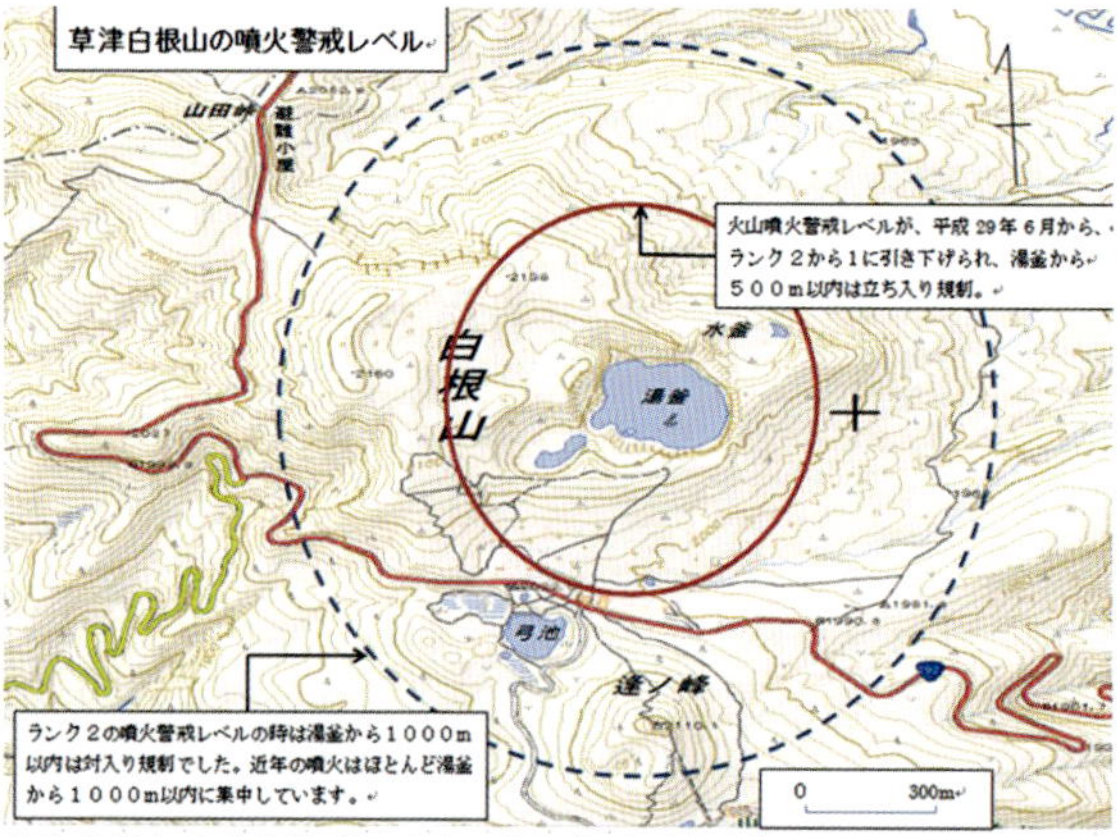

草津白根山の噴火警戒レベルの表示（気象庁資料）

当たって死者二人負傷者一人の犠牲者がでました。また、昭和四十六年（一九七二）と昭和五十一年（一九七六）に山頂付近のスキー場やハイキングコースで、噴気に含まれる有毒ガスによって合計九人が亡くなっています。

このように噴石や降灰、強酸性水、雪崩や土石流による鉱山施設の損壊、硫化水素ガスなど、多くの被害を被ってきました。その一方では、草津白根火山は古くから有名な硫黄採掘鉱山で、時々被害を受けながらも最盛期には四〇社近い鉱山会社が稼働していた歴史があります。想像し難いことですが、湯釜の中でも採掘が行われていたのです。

草津白根山の噴火（気象庁資料より）

現在では、危険な火山として監視体制も強化され、テレビカメラなどでも常時監視しています。平成二十六年（二〇一四）に火山性微動が観測されたため、監視レベルがランク２に引き上げられましたが、平成二十九年（二〇一七）六月には安全が確認され、再びランク1に戻されました。

周辺には草津温泉や万座温泉など多くの温泉場や、スキー場などがあり、観光地としても人気のあるスポットです。活火山である以上、活動の変動はつきものですが、平穏な状態が続いてほしいものです。

■桜井 洌

10 草津白根山の最近の噴火とその被害

本白根山 三〇〇〇年の時を超えた突然の噴火

平成三十年(二〇一八)一月二十三日午前九時五十四分、草津白根山系の本白根山付近で突然噴火が起こりました。飛び散った噴石に当たって一人が死亡し、一一人が負傷しました。

草津白根山の噴火は、昭和五十八年(一九八三)に湯釜付近で小規模噴火がありましたが、それ以降の噴火はなく、実に三十五年ぶりのことです。この間の火山活動の兆候は湯釜付近に限られていました。そのため、監視対象となっていたのは湯釜付近で、本白根山は無警戒でしたので、「寝耳に水」の状況で噴火に見舞われたのです。

草津白根山の噴火は、六〇万年ほど前に今の山頂周辺の火口から、溶岩、火山岩片や火山灰を噴出し、その後の五〇万年前に火砕流《かさいりゅう》を、二〇万年～三〇万年前に多量の溶岩を流出しました。およそ数万年前から数千年前にも溶岩を流出し、約三〇〇〇年前には、白根火砕丘、逢の峰火砕丘、本白根火

陸上自衛隊は死傷者に関し、スキー場で訓練中だった男性陸曹長(49)が死亡したと明らかにした。ほかの隊員7人も負傷し、うち2人は重体で緊急手術を受けた。いずれも噴石による被害とみている。

陸自によると、死亡した男性陸曹長は相馬原駐屯地に司令部を置く第12旅団に所属。スキー場で約30人がスキー訓練をしていた際、

県は大沢正明知事を本部長とする災害対策本部を設置した。噴火から1時間半後に開いた第1回対策会議で、大沢知事は「各部局で適切に対応し、被害を最小限に食い止めてほしい」と指示。県の防災ヘリが整備中のため埼玉県に協力を求め、同県の防災ヘリが情報収集などに当たった。

地元消防によると、ほかの負傷者4人はスキー客らで、ロープウエーのゴンド

エーの送電線が断線して停止したことから、山頂駅のレストランに一時、約80人のスキー客らが避難した。この中には、台湾や英国から訪れた観光客も約20人いた。自衛隊、警察、消防がヘリコプターで麓の駐車場に運ぶなどして救助した。

気象庁は火口周辺警報を発表し、草津白根山の噴火

噴石を飛ばしながら噴煙を上げる本白根山。リフト乗り場にスキーヤーが取り残されている＝避難者提供

本白根〝不意打ち〟

火山活動が活発化する可能性があった湯釜周辺(白根山)の警戒が強められてきた半面、穏やかな状態が続いていた本白根山は観測態勢が手薄だったことから、前兆を捉えられない〝予想外〟の噴火となった。地元関係者も「まさか」と言葉を失った。

気象庁によると、湯釜のある白根山は水蒸気爆発や泥流を伴う噴火が過去に何度も発生。一方、本白根山で本格的な噴火があったのは3千年以上前とされる。気象庁などの現状の観測網は湯釜火口に重点が置かれ、大量のマグマ上昇による山の膨張や地震といった前兆を確認できず〝不意打ち〟に近い形となった。

気象庁は今後、雪解け後の5月の大型連休明けにも詳細な現地調査を実施する。

地元をよく知る人たちは驚きを隠せない。草津国際スキー場とロープウエーを運営する草津観光公社の山本進一会長(69)は「70年ほど草津に住んでいるが、本白根山が噴火したのは初めてだ」と話した。

草津町役場から連絡を受けてカメラを手にし、噴煙が上がる状況を撮影した草津温泉観光協会職員の斎藤泰さん(58)は「音も揺れも無く、役場職員に言われるまで気付かなかった。20年以上本白根山を歩いているが、まさか噴火するとは」と受け止めた。

草津白根山の噴火を伝える上毛新聞2018.01.24付

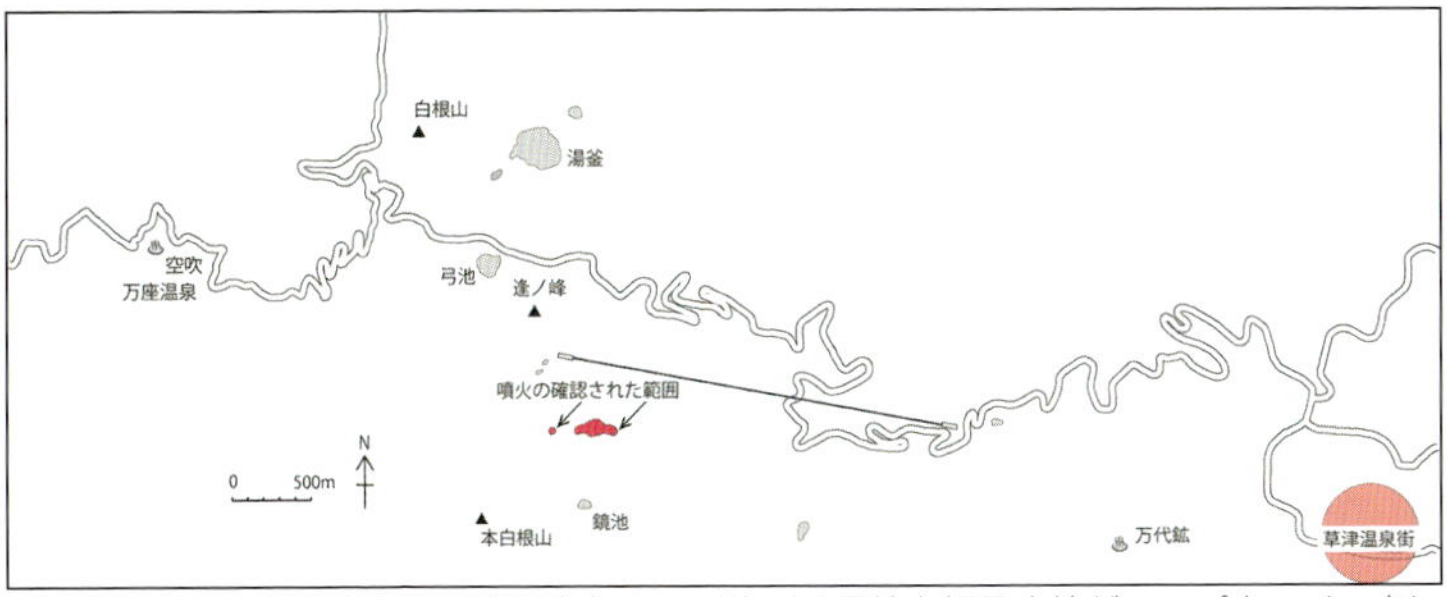

東西に並ぶ2018年噴火の列状の噴火口。国道292号線を切る直線がロープウエイ。東に草津温泉街が、北側に湯釜火口が位置する。

砕丘の三つの火砕丘が形成されていました。

本白根山の本格的な噴火は約三〇〇〇年前で、大量に溶岩を噴き出すマグマ噴火でした。その後の火山活動の中心は、白根山の湯釜火口に移り、江戸時代以降も水蒸気爆発や泥流を伴う噴火が発生しています。

本白根山付近は、構造土などの周氷河地形を観察できる鏡池を巡るハイキングコースが整備されるなど、火山活動は終了したものと考えられ、監視対象にはなっていませんでした。ところが、前兆現象もまったくないまま、今回の噴火が起きたのでした。

専門家が噴火の直後に採取した噴石には高温の火山ガスの成分が付着していることから、単なる水蒸気爆発ではなく、マグマからの高温のガスが関わった可能性を指摘しています。観光客によって撮影された動画には青葉山を乗り越える噴煙の姿も映っています。今回の噴火では、噴石は火口から一キロを超えて飛散し、これが死傷者を出しました。研究者は今後も何があるか分からないと、警戒を呼びかけています。

私たちの生活が危険と隣り合わせで暮らす現実を改めて浮き彫りにしたのが、今回の噴火災害です。ここしばらく激甚災害に見舞われたことのない群馬県ですが、何かあってからでは遅いので、各種の災害における対策を早急に進める必要があります。

■中島 啓治

11 草津白根山の火山ガス中毒

姿なく忍び寄る魔の手

草津白根山は、今なお噴火したり有毒ガスを噴出する活火山です。風光明媚な標高約二〇〇〇メートルの高原地帯であり、頂上付近を通る国道292号が整備されたため、夏はハイキングに冬はスキーに、秋は紅葉見物にと、季節を問わず人が訪れる観光地となっています。そのため、目には見えない火山ガスの被害が生じることがあります。中でも硫化水素ガスは空気より重いので、風が弱い日には低い所にたまりやすい性質があります。

昭和四十六年（一九七一）十二月二十七日、草津国際スキー場振子沢コースで温泉のボーリング工事中、パイプのつなぎ目の亀裂から硫化水素や亜硫酸ガスが漏れ、たまたま無風で谷間地形であったことから、上から滑ってきたスキーヤー六人が次々と滞留した有毒ガスの中に突っ込み、ほとんど即死するという衝撃的な事件が発生しました。また昭和五十一年（一九七六）八月三日、前後に先生が付き添って、本白根沢に沿って本白根山

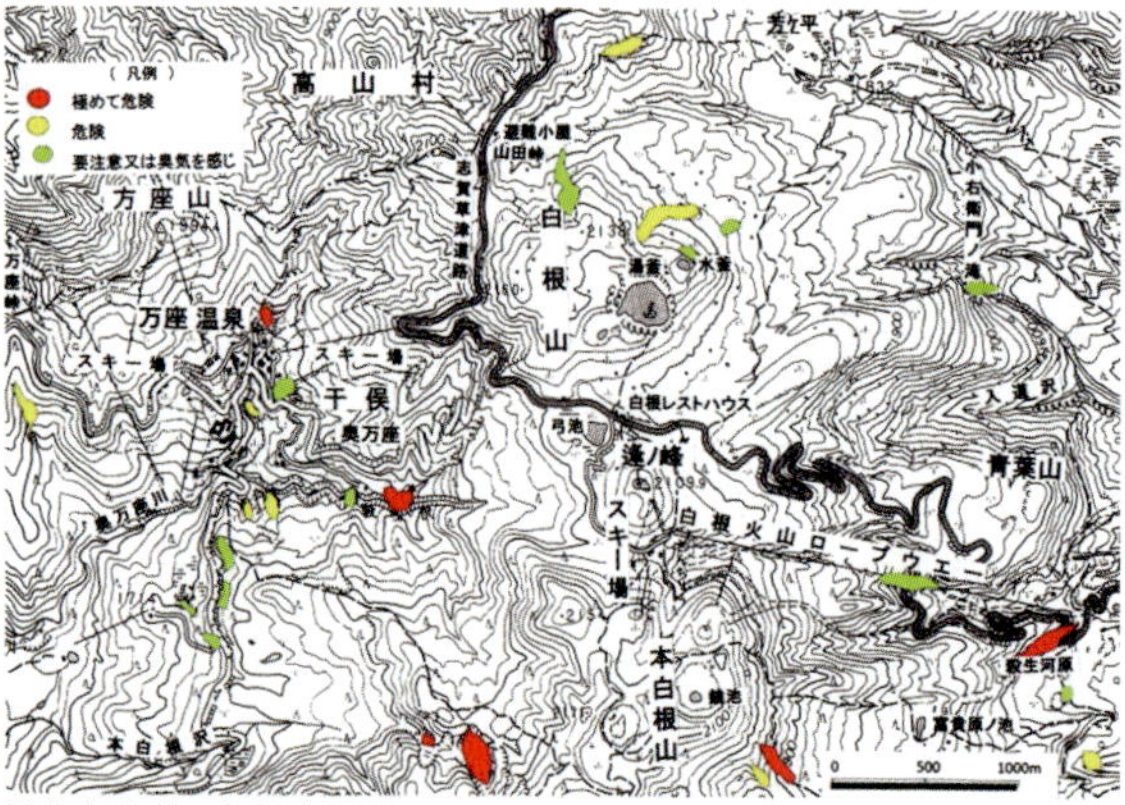

硫化水素ガス危険表示図
（草津白根山系硫化水素ガス安全対策連絡協議会資料より転記）

へとハイキングに出かけた女子高生三五人が、やや小雨模様で無風の中一列縦隊になって歩行中、生徒二人と先生の計三人が突然有毒ガスによって遭難死するという痛ましい事件も発生しました。地形的にガスのたまりやすい場所ならば、もっと以前から遭難事故があったのではないかと考えられるのですが、このときは突然に有毒ガスが地面から吹き上がったのではないかと推理する人もいます。風の弱い日には場所によらず、注意が必要です。

硫化水素や亜硫酸ガスは、低濃度では卵の腐ったようなにおいがあり、次いで目や鼻の痛み、そして頭痛や吐き気、意識混濁や呼吸困難などの症状が現れます。濃度が高い場合は数分で命取りになります。万座温泉地区の人に聞くと、有毒ガスを吸って軽度の中毒症状を経験した人は少なからずいるそうで、特に沢沿いの低い場所は危険です。

現在ではガス検知器が危険地域には数多く設置され、注意標識も整備されています。しかし、これらのガスは目に見えないので、においを感じたら低い場所を避け、風通しの良い場所に急いで移動しましょう。

■桜井 洌

硫化水素ガス危険表示の看板

12 魚もすめない強酸性の川

かつては「死の川」とも

草津白根山に源をもつ強酸性水は草津地域や吾妻川流域に人が住み始めてから突然湧き出したのでなく、それ以前から存在していました。しかし水資源、農業や水産業、インフラ整備などに害を及ぼしてきたのは事実であり、広い意味では災害と言ってもよいでしょう。

一方、私たちは強酸性水である硫黄泉を、温泉というかたちで、健康と安らぎのすばらしい恵みとして享受しています。つまり強酸性水をどのようにうまくコントロールし利用していくかが、重要なポイントとなります。

草津白根山近くの河川がすべて強酸性ということではありません。温泉などに利用してきた硫黄分の多い吾妻川の支流が問題で、これらが流れ込む吾妻川は、昔から「死の川」と呼ばれ、魚がすめない河川でした。

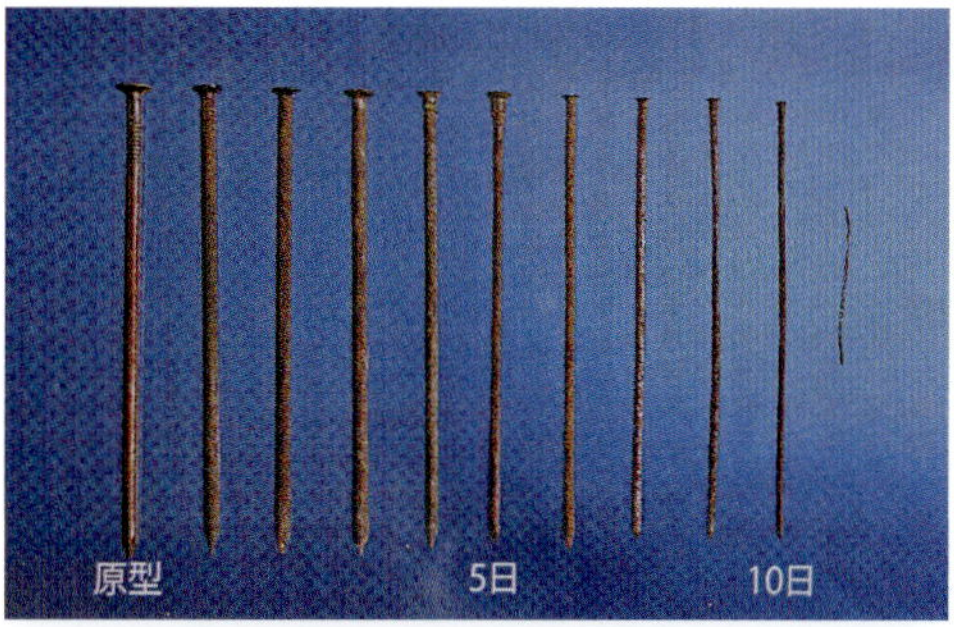

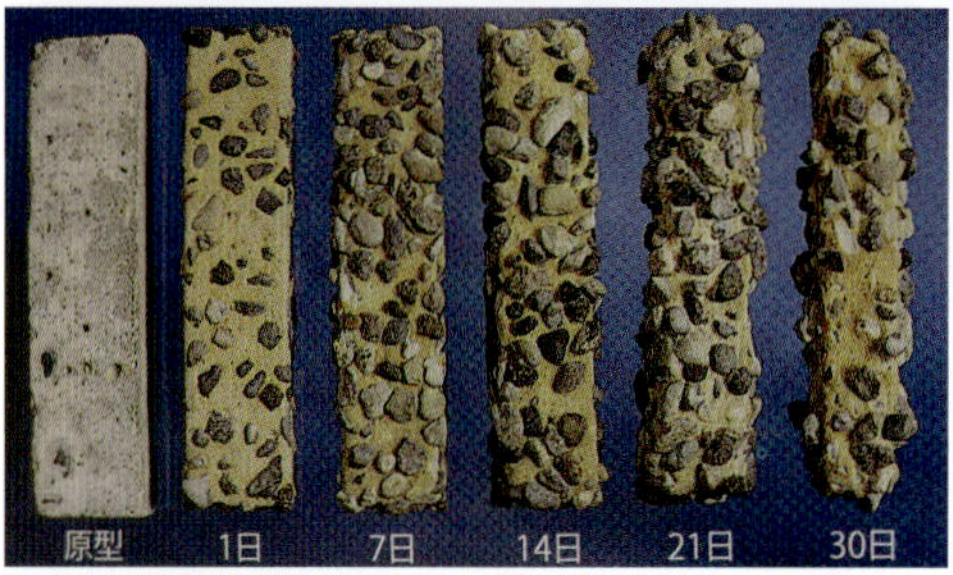

吾妻川の強酸性の水で溶けた、鉄釘やコンクリート塊
（品木ダム水質管理所）

これまでの被害例では、吾妻川が合流する利根川を灌漑用水として利用している、下流の前橋や玉村地方では、ときどき田畑に土壌中和剤を散布する必要がありました。また、強酸性水は、金属やコンクリートを短期間で腐食させるため、橋梁《きょうりょう》や護岸工事の障害にもなっていました。

これらの問題を改善するために昭和四十九年(一九七四)から、湯畑から流れ出るPH2~3の強酸性水が流れる湯川や谷沢川、大沢川に、石灰水を注ぎ中和する施設が設置されました。これら三つの河川が合流するところに品木ダムを建設し、中和反応の促進をさせ、沈殿物を除去してから吾妻川へ放流しています。そのおかげで現在では「死の川」の汚名も返上し、魚のすむ普通の川に変身しています。

南牧村青倉から運んだ石灰粉の溶液を強酸性の川に注入し中和している施設

秋田県の玉川温泉郷でも同じような問題を抱えていました。いわゆる「玉川毒水」といわれた強酸性水も、一九八九年に草津と同様の中和処理施設を設けて水質は大幅に改善されました。

■桜井 洌

コラム 2

砂ぼこりを空高く 舞い上げる「からっ風」 その威力

上州名物「からっ風」は、今でも冬から早春にかけての風物詩です。昔は地面が舗装されていなかったので風の強い日には凄《すさ》まじいものがありました。学校の校庭では、ひどいときには舞い上がった砂ぼこりで目を開けていられないほどになり、さらに10m先も見えないほどになります。「からっ風」の吹く季節は、空気が乾燥していますので、地面の土も乾ききっていますから、風が吹けば地表の土は風に乗って風下に吹き送られます。風の侵食作用です。風下に到達して風がやむと運搬力がなくなりますので、落ちて積もります。

砂粒は小さいので、家の窓のわずかなすき間からも家の中に入り込み、砂を積もらせ家人を困らせました。家の建具がしっかりしていなかった昔は大変でしたが、アルミサッシの建具の使用で隙間から入る風を防げるようになり、からっ風の被害が激減しました。そのため、かつては農村の風景として普通に見られた、維持に手間がかかる防風林はいらなくなり、取り払われてしまいました。

写真はある日のからっ風の風景です。ビルの高さにまで砂ぼこりが舞い上げられています。しかし、この風は汚れた空気を払い去ってくれる恵みの風の性質も持っています。

からっ風は午後から夕方にかけて強く吹きますが、夜になると弱まるのはどうしてでしょうか。調べてみるのも面白いかもしれません。

建物の屋上から見たある日のからっ風の風景。煙のような砂ぼこりが見えます。

（野村 哲）

第2章　群馬の地震災害

1 赤城山が崩れた弘仁九年の大地震

発掘で分かった平安時代の大震災

平安時代の弘仁《こうにん》九年（八一八）に関東内陸を中心に、関東大地震と同じ「震度七」クラスの地震が発生しました。平安時代の歴史書「類聚《るいじゅう》国史」によると弘仁九年七月に本県をはじめ、神奈川、埼玉、千葉、栃木、茨城などで地震が発生し山崩れが起き、多くの集落が埋没し、生き埋めになった人は数えることができない状況だったとあります。

朝廷は各被災地に使者を派遣し、実態を調査したところ、本県の被害が最も大きかったのです。現在の研究によれば大きさはM7・9クラスで関東大震災並だったことが判明しており、震源地は埼玉県の深谷断層とされています。

新里村で平成元年（一九八九）に行われた砂田遺跡と蕨《わらび》沢遺跡の調査では、発見された水田は多量の泥流で覆わ

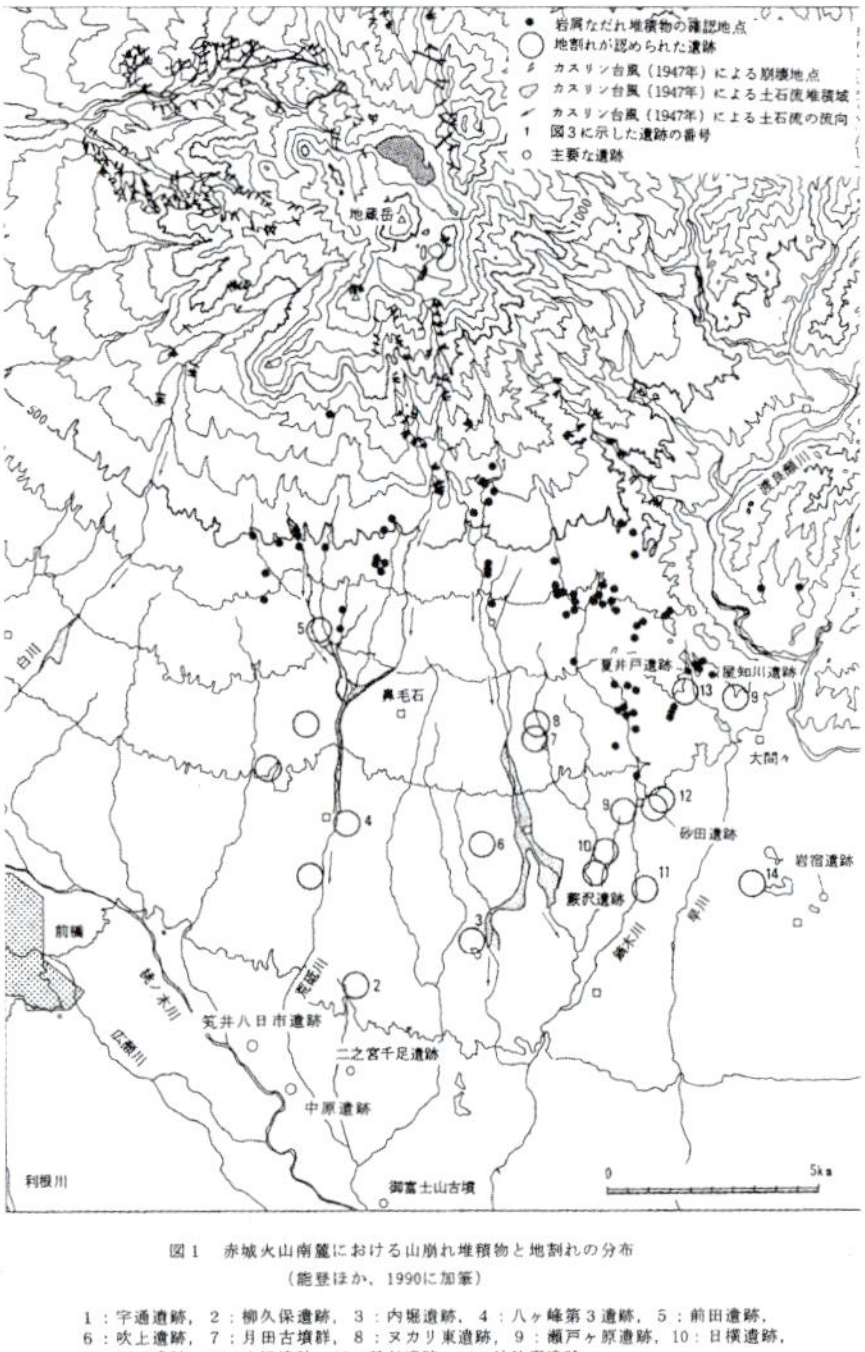

図1　赤城火山南麓における山崩れ堆積物と地割れの分布
（能登ほか、1990に加筆）

1：宇通遺跡，2：柳久保遺跡，3：内堀遺跡，4：八ヶ峰第3遺跡，5：前田遺跡，6：吹上遺跡，7：月田古墳群，8：ヌカリ東遺跡，9：瀬戸ヶ原遺跡，10：日横遺跡，11：蛭川遺跡，12：小沢遺跡，13：鶴谷遺跡，14：神社裏遺跡．

赤城南麓の地震地形と関連遺跡の分布
（群馬の地盤2007）

弘仁九年の泥流堆積物（新里村）

れ、蕨沢遺跡では数カ所の地割れに泥流が流れ込み、その下には液状化現象による**噴砂**が見つかりました。

地震の爪痕を残した遺跡は、その後も新里から前橋市にかけての赤城南面や渋川市などで数多く発見されています。さらに地震により赤城山の南東麓での岩屑なだれ堆積物が河川に流入して、二次災害としての泥流が発生したことも分かっています。この泥流は洪水のように裾野に押し寄せました。境町三ツ木皿沼遺跡では、洪水に埋まった畑が復旧されていることから、被害は南麓からはるか下流にまで及んでいたことが分かりました。

なお、砂田遺跡の埋没水田は被災時点では稲作が主な生産活動でしたが、水田の埋没後は畑で陸稲栽培が行われるようになったと推定されています。九世紀初頭は律令制度の弛緩期にあたり、政治的な中枢の国府周辺ではない外縁地域では地租税対象の班給水田は放棄されたのではないかと推定されています。

本県は、鶴が舞う形の両翼に古くて硬い地層があるので、地震が少なく、あったとしても被害は少ないと言われています。

群馬県は、地震、噴火、台風の被害は頻発こそしていませんが、歴史という時間のベールを取り去ってみると代表的な自然災害をすべて経験していると言えます。しかし、いつ災害が襲ってくるか分かりませんので油断は禁物です。

■中島 啓治

2 1923年の関東大震災

経験者に聞く当時の震度

関東大震災は、大正十二年（一九二三）九月一日午前十一時五十八分三十二秒に相模湾で発生したM7・9とされる関東大地震による大災害です。震源断層帯は、神奈川県西部から小田原、鎌倉、横須賀、横浜、千葉県館山を含む長さ約一三〇キロ、幅七〇キロにわたります。そして、この断層が平均二・一メートルのずれを生じたとされています。

震災は東京を中心に千葉、埼玉、静岡、山梨、茨城、長野、栃木、群馬の各県にまで及び、内陸と沿岸の広い範囲に甚大な被害をもたらしました。平成二十三年（二〇一一）三月十一日の東日本大震災以前では、日本災害史上最大級の被害でした。一九〇万人が被災し、一〇万五千人が死亡あるいは行方不明（ほとんど東京都と神奈川県）になったとされています。建物被害は、全壊が一〇万九千余棟、全焼が二一万二千余棟でした。東京都の火災被害、神奈川県の震源断層による建物倒壊、液状化による地盤沈下、崖崩

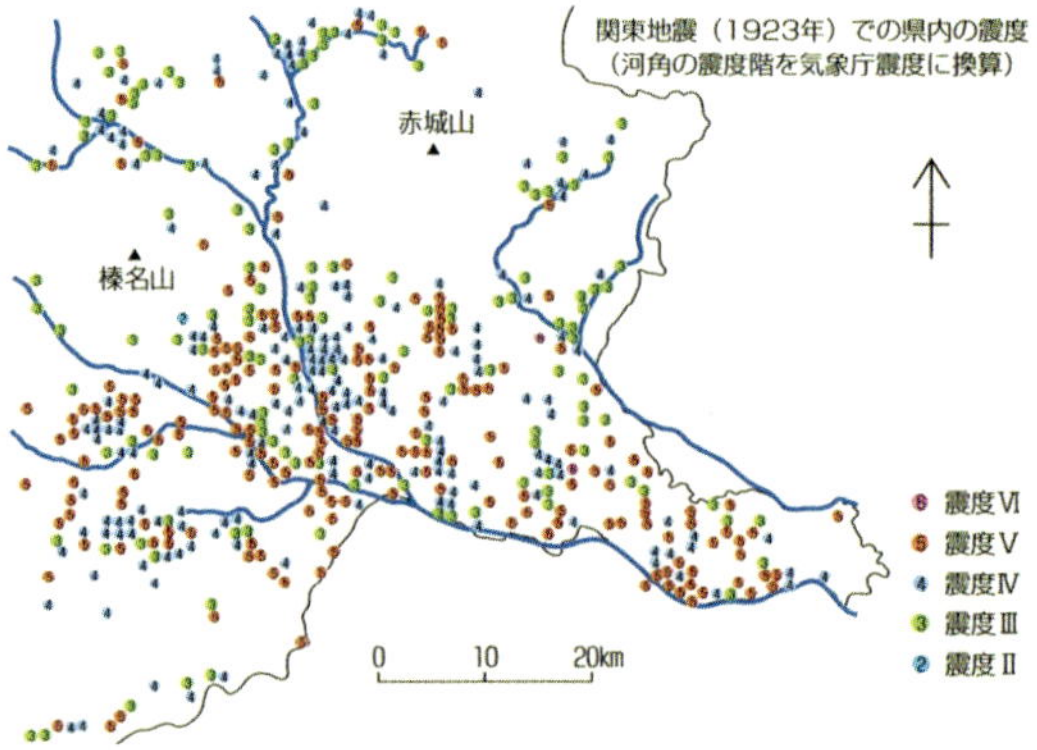

関東地震の際の群馬県内の震度分布図。（北関東地震動研究会1982、群馬大学地域論集を転載・編図）

れ、太平洋沿岸部では高さ五～一二メートルに及ぶ津波の被害が発生しました。

「群馬の自然と文化」第二巻（一九八二年三月）の〝アンケートによる群馬の「関東大地震」〟では、「関東大地震」を体験し、その状況を記憶している人たちは、アンケート実施の当時に七〇歳前後以上のお年寄りでした。

北関東地震震動研究グループでは事前に「河角《かわすみ》の震度階」によるマンガとアンケート用紙を配布し、一九八一年十二月から一九八二年一月にかけて、二五八三通の回答を得ました。

その結果をもとに、「関東大地震」の揺れかたの分析がなされました。

それを見ると、①東毛の平野部は揺れかたが大きく、河角の震度階は六、七であり八もみられました。②渡良瀬川流域から足尾山地、沼田市・片品川流域、利根川上流域、中之条付近、吾妻川流域の、河角の震度階は五か六でした。③鏑川流域、碓氷川流域は揺れ方が大きく、河角の震度階は六、七で、五もみられました。

全体としての河角の震度階は、県南部では六、七でしたが、県北部は、五か六でした。河角の震度階の震度の値は、気象庁の震度階より大きくなりますので、混同しないよう注意してください

■中島 啓治

河角《かわすみ》の震度階

角田史雄（案）・小河靖男（作）・永井　哲（絵）

くらしと環境（地学団体研究会、1982）
角田史雄ほか「河角のマンガ震度階」を引用

3 県内最多の死者を出した西埼玉地震

関東大震災を上回る被害

満州事変が始まって世の中が騒がしくなっていた昭和六年（一九三一）九月二十一日午前十一時十九分、突然、後に西埼玉地震と命名された激しい地震の揺れに見舞われ、群馬県民は大いに驚きました。

震源は埼玉県大里郡寄居町仙元付近にあり、M6・9、震源の深さ三キロと浅い内陸直下型地震で、広い範囲で震度五を記録しました。この地震は、深谷断層帯の一部の活動によるものと考えられています。

この地震の揺れが激しかった地域は群馬、埼玉、栃木、東京にわたり、県内の気象庁の震度は高崎、渋川、玉村町五料で五、前橋をはじめ周辺地域では四でした。

この地震の被害は、八年前の大正十二年（一九二三）に襲った関東大震災を上回るもので、死者五人、負傷者三〇人、家屋倒壊一六六戸、家屋半壊一七六九戸、煙突倒壊一五五カ所、橋梁破損五五カ所、山

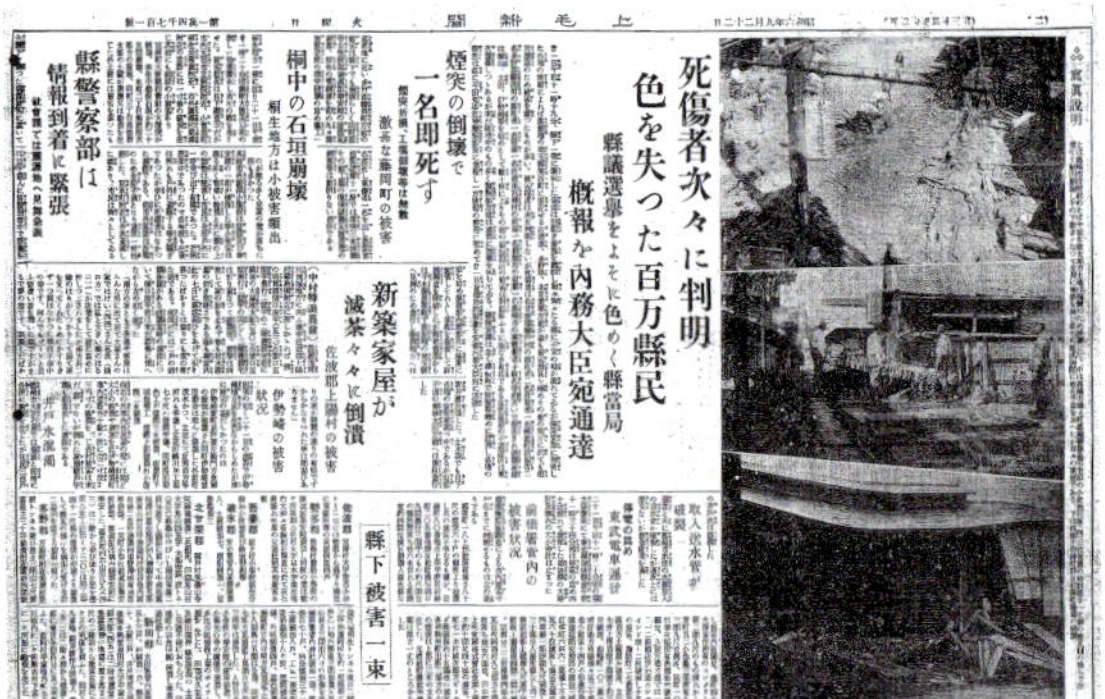

西埼玉地震の被害を報じる上毛新聞（昭和6年9月22日付）

くずれ三万一五〇〇カ所に及びました。

群馬県の西南にある南牧村には、禅宗の黒滝不動寺があります。そこでは切り立った崖の窪みに寄り添うように本堂や方丈が並び、その崖の背後には高さ一〇〇《メートル》、幅二〇《メートル》ほどの垂直の岩壁が三つそそり立っています。そのうちの中央の岩壁が地震によって轟音とともに崩落し本堂や方丈へと崩れ落ちました。痛ましいことに、嫁入りを数日後に控えた二一歳の娘さんと六歳の小僧さん、壮年男子の三人が無残にも圧死してしまったのです。また、藤岡では倒れた小型煙突の下敷きとなって一人が亡くなっています。

左側の岩壁の一部が崩落した黒滝不動寺の背後の崖

高崎市石原で二〇〇戸の井戸水が混濁し、さらに、新田郡尾島町（現太田市）の利根川沿岸の農家二〇〇戸の井戸は二十一日の激震と同時に土砂を噴出して全く渇水状態となり、住民はその飲料水にすら困る始末となったと、当時の上毛新聞にあります。大きく地下の地層が揺さぶられ、地下水の異常、噴砂のような現象が起こったのです。

これらをみると、震源に近い群馬県の南部地域で被害が多かったことが分かります。このように、群馬県もかなり大きな地震被害を経験していますので、他県での地震被害を他人事と考えず、それなりの準備をしておくことが必要です。

■桜井 洌／中島 啓治

4 西埼玉地震による安中市鰻橋の被害

安中市の地震災害の記録

平成二十六年(二〇一四)十一月二十六日の午前十一時四十四分ごろのことです。群馬県南部で震源の深さ一〇キロ、マグニチュード2・3の地震が発生、群馬県安中市で震度二、高崎市で震度一の揺れを観測しました。安中市上間仁田で体験した人に伺うと、一度だけだったが真下から突然ドンと突き上げるような、思わず物につかまらなければならないほどの強い揺れがしばらく続き、大変びっくりしたとのことでした。

昭和六年(一九三一)九月二十一日の西埼玉地震は、群馬県内で五人の死者を出すなど多くの被害がありましたが、二十三日の上毛新聞に「碓氷郡の震害」として「東横野村と通ずる安中富岡線県道 鰻《うなぎ》橋は今春掛け替えたばかりだが橋づめの石垣が崩壊し今にも橋が落ちそう、上平地内県道長さ十五間位大亀裂を生じた」とあります。

安中市の鰻橋位置図　×1:鰻橋　×2:下原・賽神遺跡
「地理院地図(電子国土 web)に加筆」

平成十二年（二〇〇〇）七月十日、安中市下間仁田の上平地内の弥生住居趾発掘中の下原・賽神《さいしん》遺跡に地割れ跡と噴砂堆積物が発見されました。これは、震動の発生年代が約五千年前と八一八（弘仁九）地震と考えられます。北三〇度西の方向の逆断層性断層で住居跡面の東側が約四〇センチほど高くなっていました。すぐ西には「御賓頭盧《おびんずる》さま」と呼ばれている湧水がありましたが、これも平行した逆断層によるものと思われます。

安中市の鰻橋の様子

この近くには約四キロ西に活断層として知られる磯部断層があります。磯部断層は、碓氷川の流路に対してほぼ直交する、北西―南東方向、長さ四・三キロ、北東側隆起の断層です。約一二五万年前の段丘面の垂直変異量は九・一メートル、一五万年前のそれは六・二メートルとされています。

この断層が活断層として知られる磯部断層に関連したものかは不明です。しかし、西埼玉地震の大きかった被害の様子、下原・賽神遺跡の地割れ跡、今は石碑のみとなっている「御賓頭盧さま」の湧水が存在したことを考えると、この付近は土地がそのような性質を持っているらしいことが推定されます。断層は地震の元凶のように忌み嫌われますが、湧水のようなかたちで恵みとなることがあります。

■中島 啓治

5 新潟県中越地震の群馬県被害

被害地域の広がりは構造線に一致する

新潟県中越地震は、平成十六年(二〇〇四)十月二十三日一七時五六分に新潟県中央部の長岡市南方で発生した、最大震度七の強い揺れの内陸直下型地震です。その後、ほぼ同地域で一八時一一分と三四分に震度六強の余震が立て続けに発生しました。隣接する群馬県でも、震源地から約六〇〜一〇〇キロ離れた片品村、渋川市北橘町、高崎市などの震度計が本震時に震度五弱を記録し、余震も本震と同様に強い揺れを示しました。

地震による被害は、建物・構造物の破損はもとより、住宅内の家具・置物・食器など多種多様でした。そこで、関心を持つ人たちが集まり、アンケートによる揺れの強さや被害を調べる調査団を組織しました。調査項目は県内各地の屋根瓦の破損、地盤の亀裂、石垣や路肩の損傷、山腹斜面の崩れ、沢水の濁りなどを対象にし、

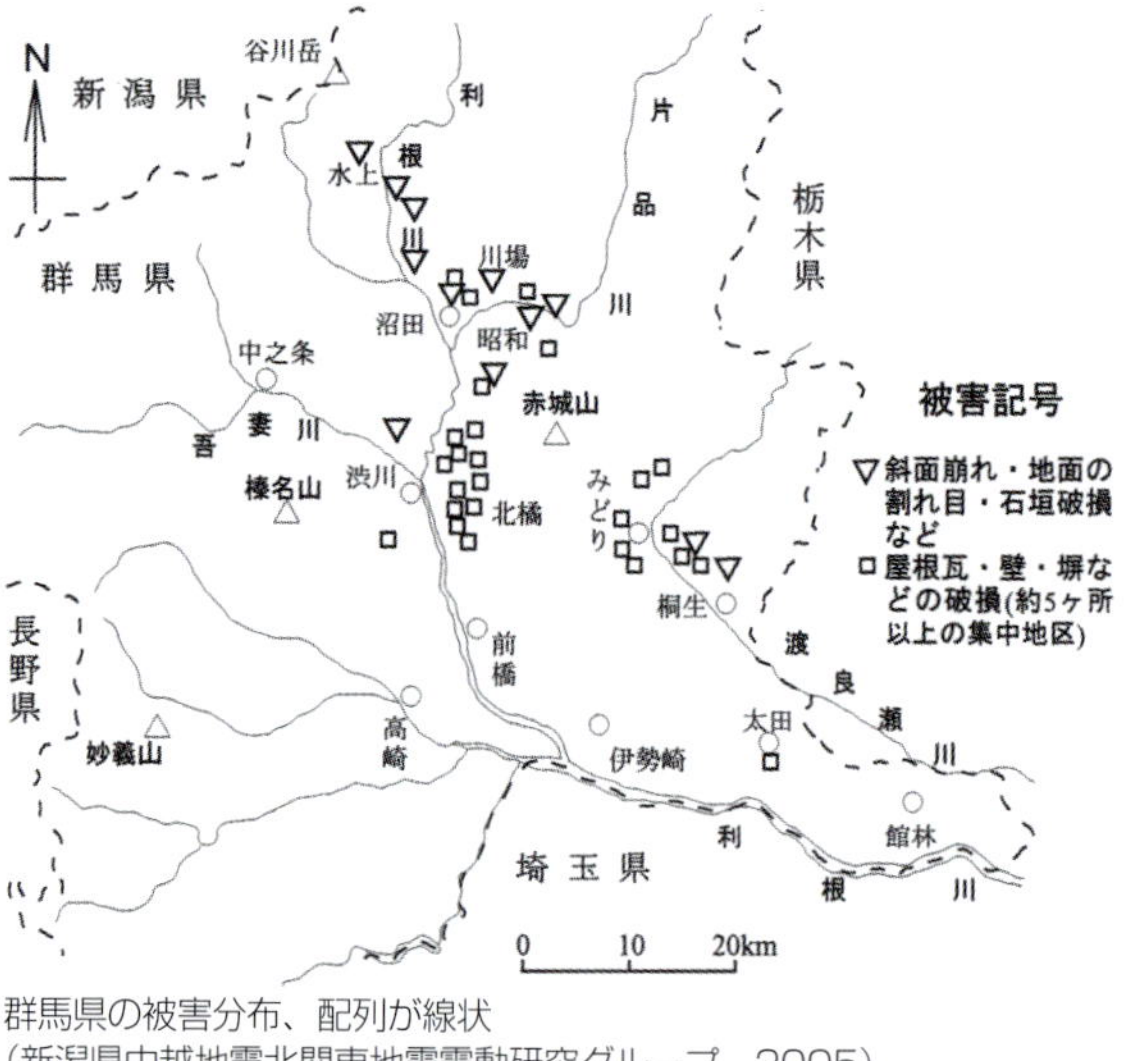

群馬県の被害分布、配列が線状
(新潟県中越地震北関東地震震動研究グループ、2005)

その被害分布を地図に示しました。この図から、谷川岳、赤城山、太田市を結ぶ北北西から南南東方向の地震被害地帯と、大きな地質境界となる**構造線**とが、ほぼ一致していることが分かりました。

さらに図には、瓦破損、盛土斜面の崩壊も記入しています。瓦の落下方向や斜面の崩壊方向が南北方向に多く認められました。また、これらの被害地の多くで、ドスンという突き上げがあり、昭和村の民家からは、東西方向の引き戸は変化しなかったのに南北方向の引き戸は三〇センチほどすき間が開いたとの証言もありました。さらに、沼田市から渋川市北橋町にかけての利根川沿いの沖積面や河床よりやや高い**低位段丘**面上の住宅における瓦の被害は、非常に少ないということが分かりました。この傾向は、東北地方太平洋沖地震（東日本大震災）での群馬県内被害でも、確認できました。

このように、地震の揺れが、常に大きくなる地域、逆に周囲よりも常に小さくなる地域があることが分かっています。このことは、地震予知は難しくても、被害を少なくする減災の取り組みができることを教えています。

新潟県中越地震で倒壊した弘法大師像（みなかみ町水上寺）

■中村 庄八

6 東日本大震災　伊勢崎地域の被害

地形や地層の境目に顕著

平成二十三（二〇一一）年三月十一日に東北地方太平洋沖地震（東日本大震災）の激しい揺れが群馬県全域を襲いました。伊勢崎市では震度五弱が観測され、特に家屋の屋根瓦に被害がありました。

調査の結果、被害家屋の分布は一様ではなく、地域によって偏りがありました。図にその被害分布を示しました。これを見ると、次のような特徴があります。

①伊勢崎砂層が分布する伊勢崎台地にある旧市街地で多くの被害が発生していました。

②華蔵寺や権現山のような赤城山の流れ山である丘陵地域ではほとんど被害がありませんが、周辺部の地層境界部に被害が集中していました。

③広瀬川低地ではほとんど被害は見られませんでした。

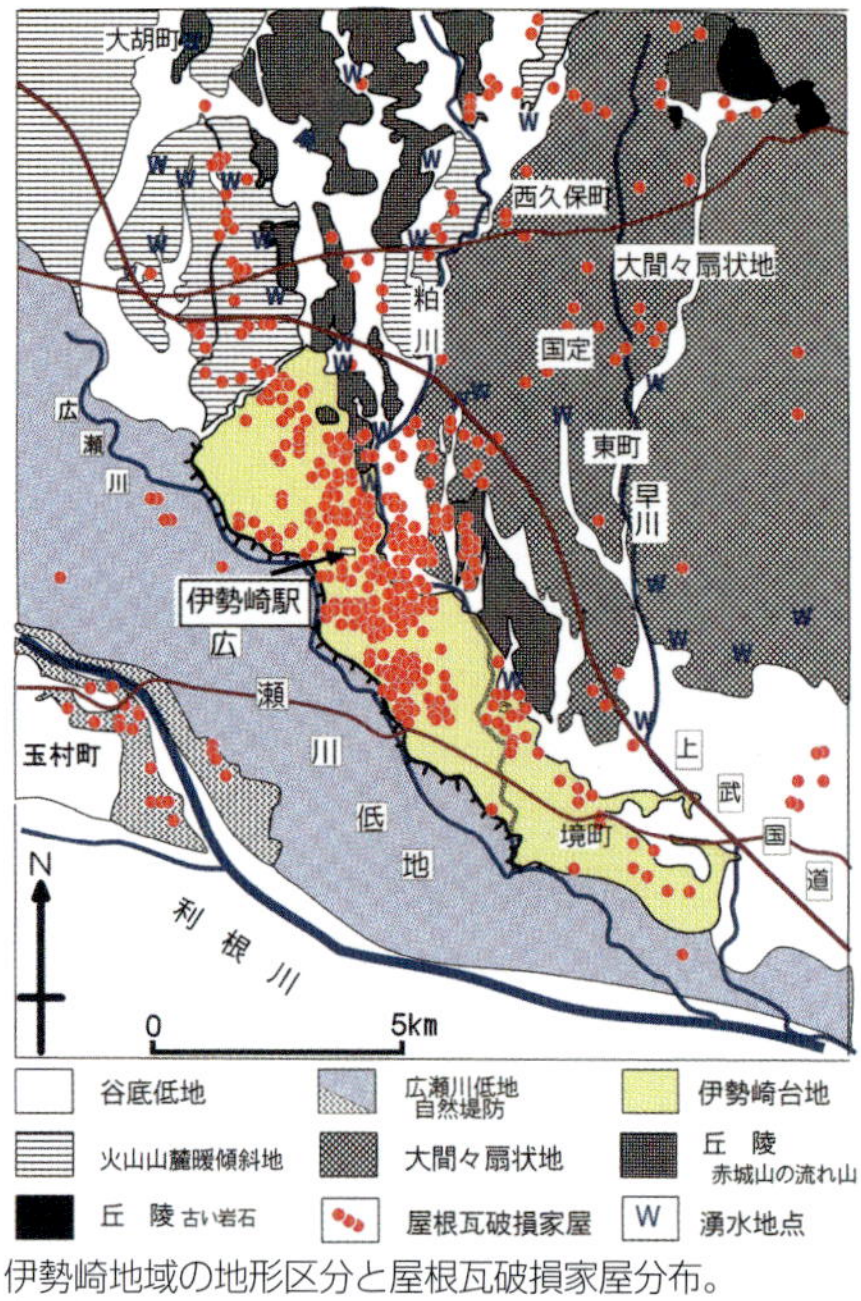

伊勢崎地域の地形区分と屋根瓦破損家屋分布。
（東北地方太平洋沖地震群馬震動研究グループ、2014）

これらのことから、被害の多い地域は、前橋市東部から伊勢崎市街を通り境町まで伸びる、北西―南東方向の帯状の地帯でした。

この帯状の配列はどうしてできたのでしょうか。伊勢崎台地で被害が多かった理由として、台地の土台の伊勢崎砂層が固く締まっておらず、しかも火山灰質で地震の揺れで強度の低下を起こしやすいことが考えられます。また、流れ山の丘陵の西の縁には湧水地点が多くあり、湧水地点やその南西側で被害が集中していることから、ここから供給された地下水が被害の発生に関係している可能性があります。梨木岩屑流堆積物は硬く、その上位の砂礫層や粘土層は軟らかくて固さに大きな違いがあります。このような境界部で地震波が屈折または反射して波が増幅され、周辺地盤の震動が大きくなった可能性も考えられます。

屋根瓦被害の例(藤井光男氏提供)

広瀬川低地の地下にある広瀬川砂礫層は硬く締まって、しかも地下水が通りやすいため、地震動によっても粒子間の水の圧力が上がらず強度の低下も変形もしにくかったものと思われます。このことが被害を少なくした要因だと考えられます。

地震の揺れには、地下の地層の種類やその性質・分布などが影響して、揺れやすい所とそうでない所が表れるようです。地層の違いは、しばしば地形の違いとして表れることが多いので、身の回りの風景にも注目しましょう。

■大塚 富男

7 東北地方太平洋沖地震による群馬県被害

重複する被害地域

平成二十三年（二〇一一）三月十一日午後二時四六分にM9・0の東北地方太平洋沖地震が発生し、この地震の被害をまとめて東日本大震災と呼んでいます。

東北地方太平洋沖地震の発生直後、県内各地から集まった十数人が地震動研究調査団を結成し、被害状況をどう把握するか検討した結果、従前の地震での被害状況の調査と同様に、外観から把握できる家屋の屋根瓦落下被害の状況調査に的を絞りました。休日ごとに地域を絞った調査を行い、最終的には群馬県内全域の被害を把握することができました。

その結果判明したことがいくつかあります。被災した家屋が多く見られたのは東毛地域の平野部で、中毛地域や西毛地域に比較すると格段に多いことが分かりました。軟弱な地盤の範囲が広く、揺れが大きくなる性質が表れたもの

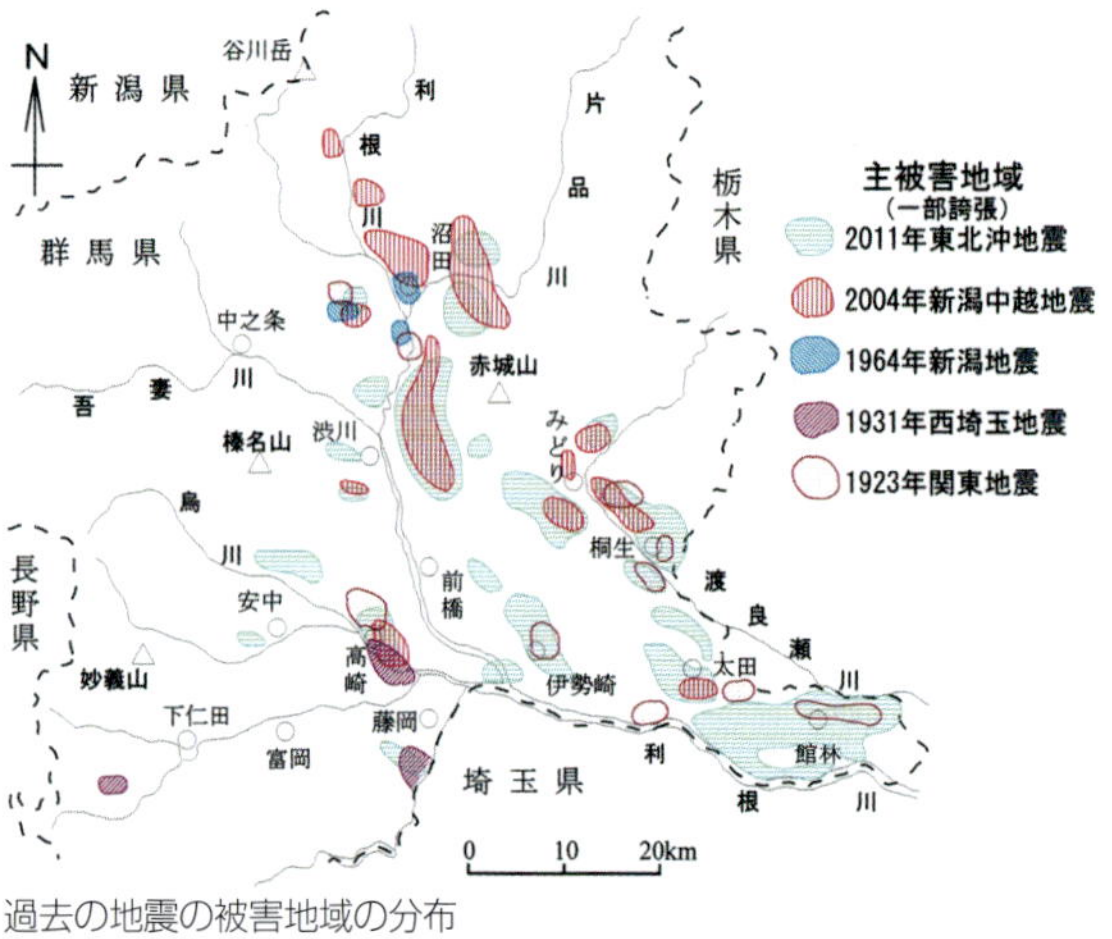

過去の地震の被害地域の分布
（東北地方太平洋沖地震群馬震動研究グループ、2014）

と考えられます。火山山麓の台地や平野部の台地上およびその縁に被害の多い地域がありました。台地の縁は地形効果で、台地の中側から揺れが激しくなることが分かっていますので、その性質が表れたものです。また、地形の違うところは地層などの地下構造もしばしば違っています。地下に活断層があるとされる場所にも被害が出ていました。

東北地方太平洋沖地震で鮎川湖堰堤の一部が崩壊

平野部では被害の多い地域に方向性が見られ、北西から南東方向に伸びる地帯に集中することなどが分かりました。一方、利根川・渡良瀬川・烏《からす》川沿いの氾濫原や低地が宅地化され、住宅街となっている地域での被害は少ないことが分かりました。老朽化の影響か、七〇年ほど前の太平洋戦争前後に造られた貯水池の盛土堰堤《えんてい》がひび割れ、部分的に崩れている所が何カ所か見つかりました。

今回の被害調査と過去の調査結果の比較対照から、新潟県中越地震や新潟地震などの地震の被害地域と今回の被害地域は重複していました。中には、三度、四度と地震のたびに被害を受け続けるという特異な地区がありました。

また、記録が残されている関東地震や西埼玉地震、新潟地震、新潟県中越地震、東北地方太平洋沖地震など、多くの地震記録から、その土地の地震被害の履歴をたどれば、地域防災につながる貴重な情報が得られるでしょう。

■中村 庄八

8 克明に記録された「大笹地震」

1916年の嬬恋村地震

嬬恋村の自然災害は、浅間山の天明三年（一七八三）噴火による大災害が有名です。浅間山は時々噴火するので、ともすると、私たちの関心事は噴出物による被害が中心です。しかし、村では明治・大正時代に起きた大地震の話も語り継がれてきました。

嬬恋村では、明治以降に規模の大きい地震が二度ありました。明治四十五年（一九一二）の地震は、浅間山の古期成層火山である黒斑山付近を震源として起こりました。この地域には、長野県側に「トーミ断層」と呼ばれている活断層があることが分かっています。この地震では、里の集落における被害の記録は見つかりません。

大正五年（一九一六）二月二十二日に起きた地震では、村内で広範囲にわたって建物に被害が出ました。

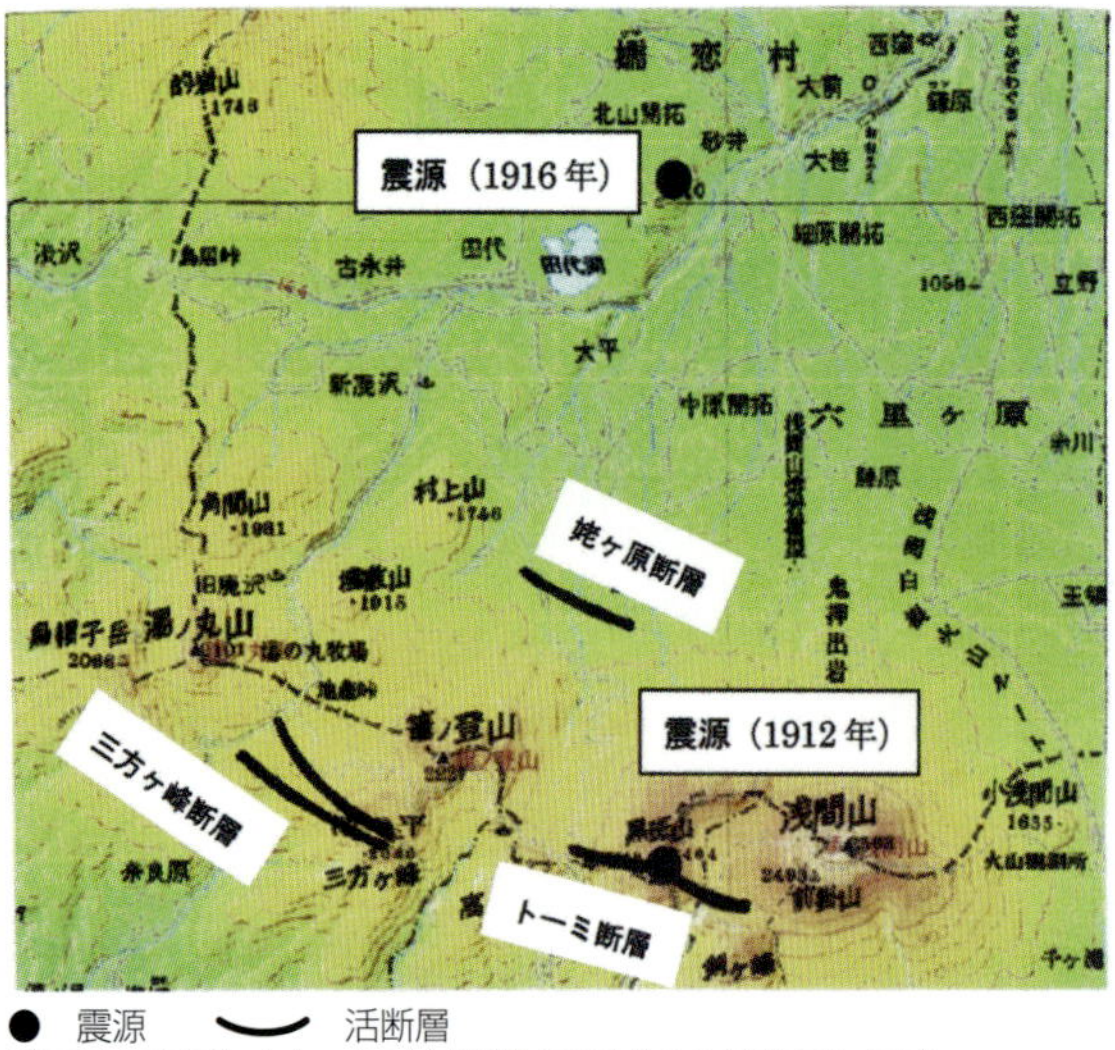

● 震源　⌣ 活断層
群馬県気象百年より、国土地理院20万分の１地勢図に加筆

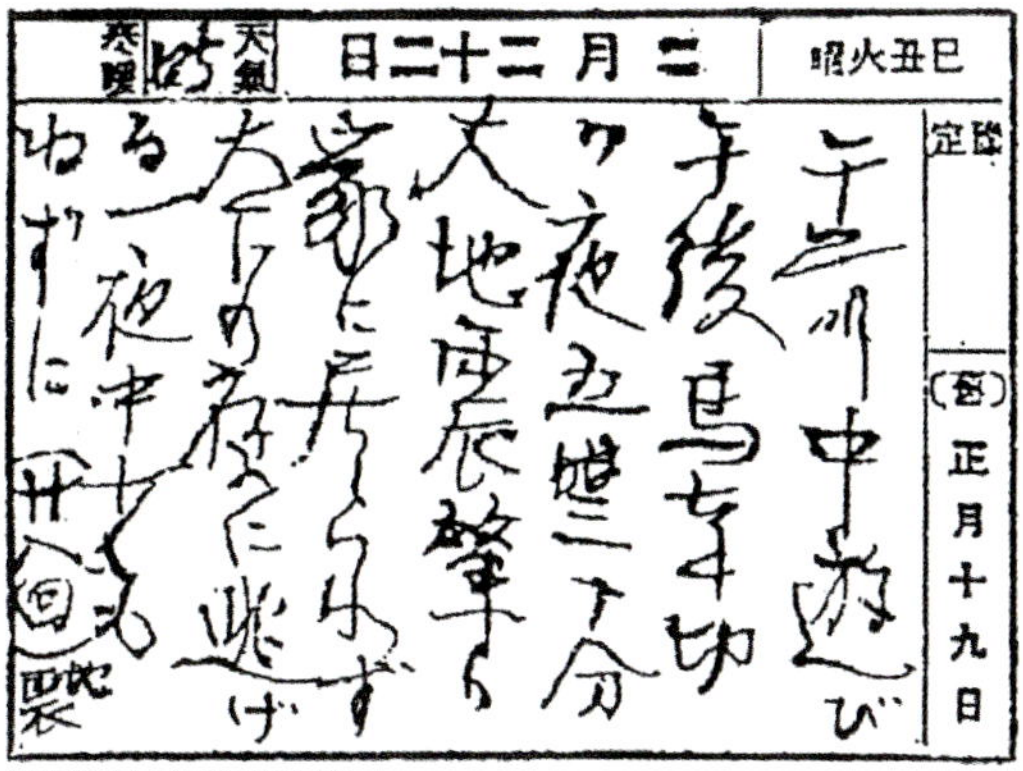

役場職員の日記の文章

村内の記録では、嬬恋地震、田代地震、大笹地震などと、地域により異なる名称で呼ばれていますが、本誌では大笹地震とします。明治・大正とも震源が直下型の地震であることが共通しています。

大正の大笹地震に関しては、当時の役場職員の日記帳が残されています。その記録によると、地震のあった二十二日夕方以降、その夜に二八回の余震がありました。屋内に居られず、近所の広い庭に逃げ、一晩中眠ることができなかったようです。その後、地震の回数は一週間記録され続け、合計六四回あったと記されています。さらに、三月四日と十四日にも大きな余震が記録され、有感地震が三週間以上続いたことが分かります。他の記録でも、一週間近くを刈干小屋や堆肥置場で仮寝をして過ごしたというものや、大笹地区の川が濁り、「浅間押し」（天明三年の鎌原土石なだれの地元での呼び名）の前兆ではないかと大騒ぎになったことなどが記述されています。

災害が起きた時の様子や、自然現象の変化など、地域の住民が記録していたことが将来学問的にその価値が認められた例は多くあります。また、日頃の自然現象に興味関心を持ち、伝え合うことが防災にもつながります。

■黒岩 俊明

9 墓石が飛び上がる直下型地震の恐怖

揺れに合った回転する力

平成二十五年(二〇一三)五月二日の午後十時四分、みどり市東町で震度四の直下型地震が起きました。気象庁は震源の深さは約六キロ、地震の大きさはM4・1と発表しました。震度一以上の地震は、四月三十日から四日間で五回も起きました。五月四日の桐生タイムズ紙は、体に感じない揺れは五四回もあったと報じています。いずれも震央は、草木ダムがある座間地区の南西約二・五キロ、標高一〇六四メートルの三角点の辺りでした。このことから、これらの地震は**群発地震**と考えられます。

二日の地震について、地元の人は「ズンと突き上げるような揺れだった」と証言しています。この証言を裏付けているのが数多くの「飛び上がった」墓石です。写真を見てください。被害のあった墓石は転倒せずに最上部の墓石だけがずれていました。突き上げるような揺れによって、一番上の墓石だけが飛び上がり、再び台座に着地したと考えられます。地震波は初期微動と主要動があり、

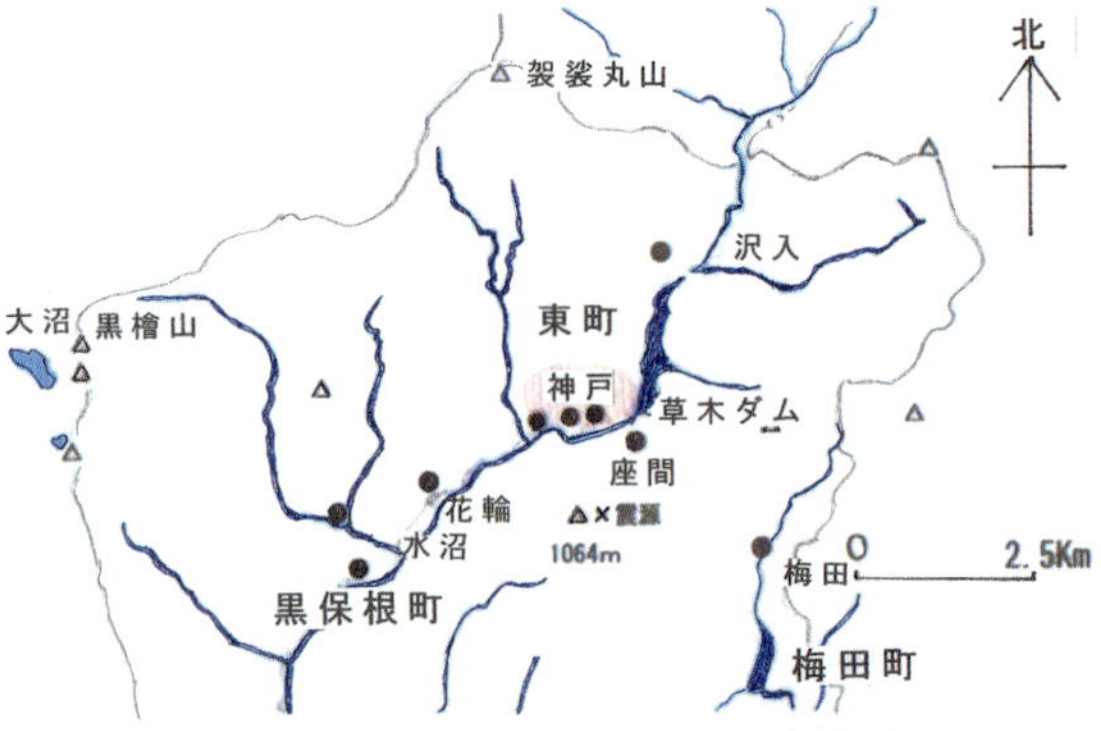

震源の場所(×)と回転が見られた墓石があった寺院(●印)。
神戸地区(赤色)では76%の墓石が右回転していた。

揺れの本体は主要動です。もし、主要動が横揺れならば、墓石は転倒したでしょう。

私たちが調査した東町、黒保根町、梅田町北部の墓石では、転倒した例がほとんどなく、証言のように主要動が突き上げるような縦揺れだったことが証明されました。さらに興味深いことに、墓石は、右か左に回転していたのです。写真の墓石は時計回り（右）に回転しています。地震によって墓石は「飛び上がり」「回転」したのです。回転した墓石の調査を進めていくと、渡良瀬川右岸の神戸地区では四五基の墓石のうち七六パーセントが右回転でした。その他の場所では三九基のうち七四パーセントが左回転でした。地域により異なる結果になったのです。地震のとき、物が飛び上がるというのは多くある話ですが、墓石が回転した例は珍しいことです。墓石の回転方向を決めた原因は分かりませんが、地盤の揺れ方が場所により異なっていたことを反映しているのかもしれません。

近年、建設業界では地震の揺れの回転成分の計測などにも取り組み始めています。建物のねじれによる破壊にも目を向け始めているのです。

最上部の墓石が台座に対して右回転している。（神戸地区、宝泉寺）

■矢島 祐介／宮崎 重雄／大澤 澄可

コラム 3

群馬県の大水害は
下流県の大水害

寅さん映画の舞台として有名な東京都葛飾区柴又にある帝釈天題経寺には、江戸時代中ごろの天明３年に浅間山噴火で発生した利根川の大水害の被害者を供養した碑があります。利根川は人工的な水路変更によって千葉県の銚子で太平洋へ注いでいますが、江戸時代にはこれ以外に、江戸川を経由して東京湾に注ぐ流れがありました。柴又村や帝釈天は江戸川に近い場所にあります。

当時の柴又村近くの江戸川には浅瀬があり、上流から流されてきた溺死体が多数漂着しましたので、遺体は村人たちの手によって多数収容されました。洪水の犠牲になった人たちを弔い供養するために、当時の柴又村の人々が、この供養碑を帝釈天題経寺の境内に建立したのでした。この供養碑は現在、新柴又駅近くの題経寺の墓地に移設され、葛飾区指定有形文化財として展示されています。

天明３年の浅間山噴火は、群馬県内で大きな災害をもたらしましたが、下流の埼玉県や東京都でも大きな被害を受けました。これ以降も、明治43年の台風、昭和10年の台風、昭和22年のカスリーン台風など、群馬の三大水害と呼ばれるような大水害でも同様の災害が下流県に及んでいました。

奥にある縦長の石碑が天明３年浅間山噴火川流溺死者供養碑（東京都葛飾区柴又題経寺）

昔の災害の遺跡を訪ねることは、現在の生活を見直すきっかけにもなり、防災への意識を高めてくれます。

（山岸 勝治）

第3章　群馬の地盤災害

1 国道を曲げてしまった少林山地すべり

珍しい　川越え地すべり

少林山地すべりは高崎市街地から西方の、通称「観音山丘陵」の北端斜面に形成されたもので、五〇《ヘクタル》の規模をもっています。観音山丘陵の大部分は約九〇〇万年前に堆積した砂岩・泥岩を主体とした**板鼻層**からなり、その上に火山噴出物である約四〇万年前の**野殿層**が堆積しています。すべり面は、板鼻層が風化した泥岩中に発達していることがボーリング調査で確認されています。地すべりの末端部では、国道18号と碓氷川が東西方向に並行しています。また、地すべり地内には紅葉の美しさと縁起ダルマで有名な少林山達磨《だるま》寺があります。

この地すべりは、赤岩、寺沢、藤塚の三地区に分かれます。寺沢地区と対岸の藤塚地区の地すべり現象は一体のもので、最大幅三八〇《メートル》、最大長六七〇《メートル》の大きさをもっています。古い時代の活動履歴は不明ですが、昭和三十三年(一九五八)九月の台風で活動が活発化し、昭和三十六年ごろまで活動が繰り返さ

地理院地図
GSI Maps

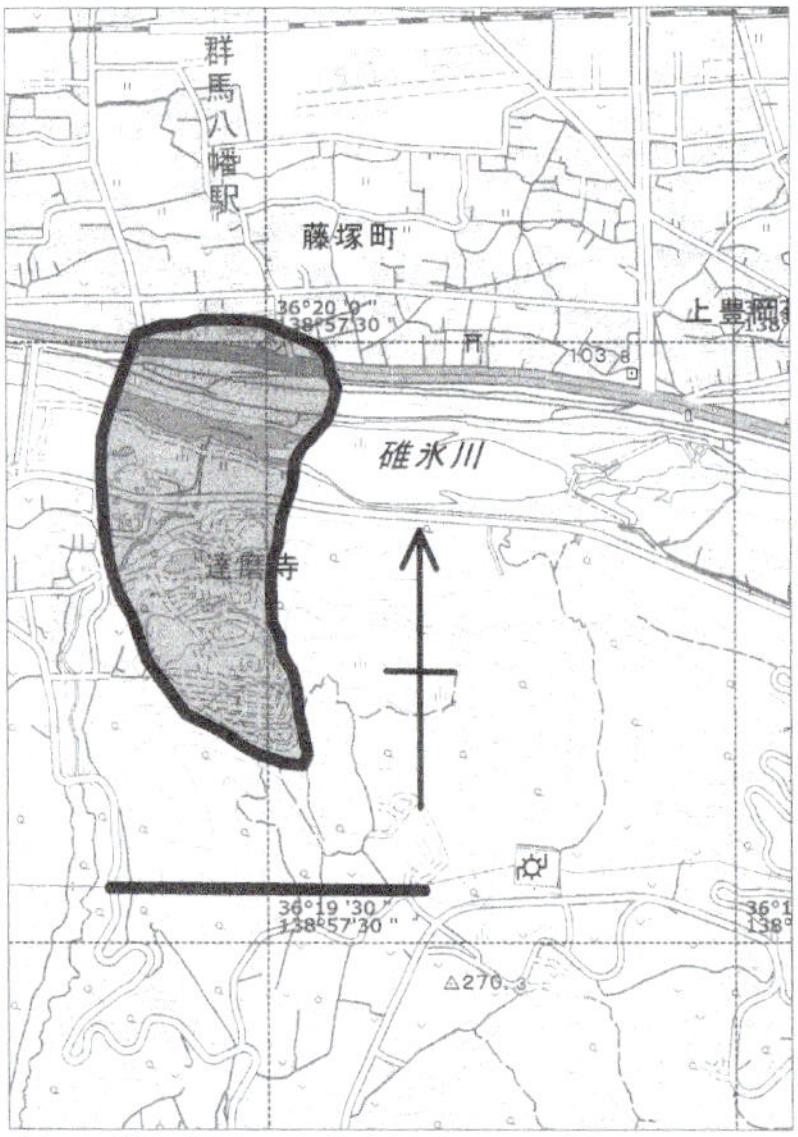

寺沢―藤塚地区の少林山地すべり区域
太い横線は500m のスケール

れてきました。活動最盛期には地すべりの上部である達磨寺背後の斜面で、八メートルに及ぶ滑落崖が現れ、地すべり先端部の碓氷川を越えた藤塚地区では住宅地や堤防や国道が長さ三〇〇メートルにわたり盛り上がってしまい、その高さは最大四メートルにも達したという記録が残されています。現在でも藤塚地区を通る国道18号はその時の影響で、北側にせり出された形を残しています。

一般に地すべりの末端部に大きな河川がある場合、すべり面は河川の手前で終わりますが、この地すべりは碓氷川の下を通り対岸にまで変形を及ぼしています。全国的にも珍しいものです。

前方右に見える高崎市藤塚町の国道18号の変局部

これまでの観測で少林山地すべりは、乾季である冬の間はほとんど動かずに、六～九月の降水量が多い時期に活発になることが分かりました。これは地すべり粘土層中に水を大量に含むと非常にすべりやすくなるモンモリロナイトという鉱物を含んでいるためです。昭和三十六年にすべり面に水が入らないよう排水工事が実施されると活動は徐々に弱まり、近年になって達磨寺の背後の土砂を取り除いたことで、現在は安定した状態になっています。

■大塚　富男

2 少林山台遺跡の古墳群の地すべり被害

古墳時代には安定していた寺沢地区で地すべり

昭和三十五年（一九六〇）五月のことです。碓氷川右岸の少林山達磨寺周辺一帯の地盤に地すべりによる亀裂を生じ、対岸の碓氷川左岸の平坦地帯は地すべりで隆起しました。特に達磨寺を中心とした碓氷川右岸台地は相当の深度をもつ大規模な地すべり地です。達磨寺の東に位置する赤岩地区は明治二十三年（一八九〇）に滑動を始め、明治四十三年（一九一〇）八月十日の碓氷川大洪水のとき地すべりを発生して碓氷川の流れをふさいだので、左岸の藤塚地区に氾濫して死者三人を出しています。

昭和十年（一九三五）九月二十六日に出水と地すべりで死者十一人の大惨事となりました。達磨寺のある寺沢地区は、昭和三十三年（一九五八）九月十八日の台風二一号により亀裂が発生し、同年九月二十六日の台風二二号で亀裂が拡大し、昭和三十四年（一九五九）六月に寺沢川の護岸石積工に亀裂が発生し、翌三十五年五月に至り急激な滑動を始めました。

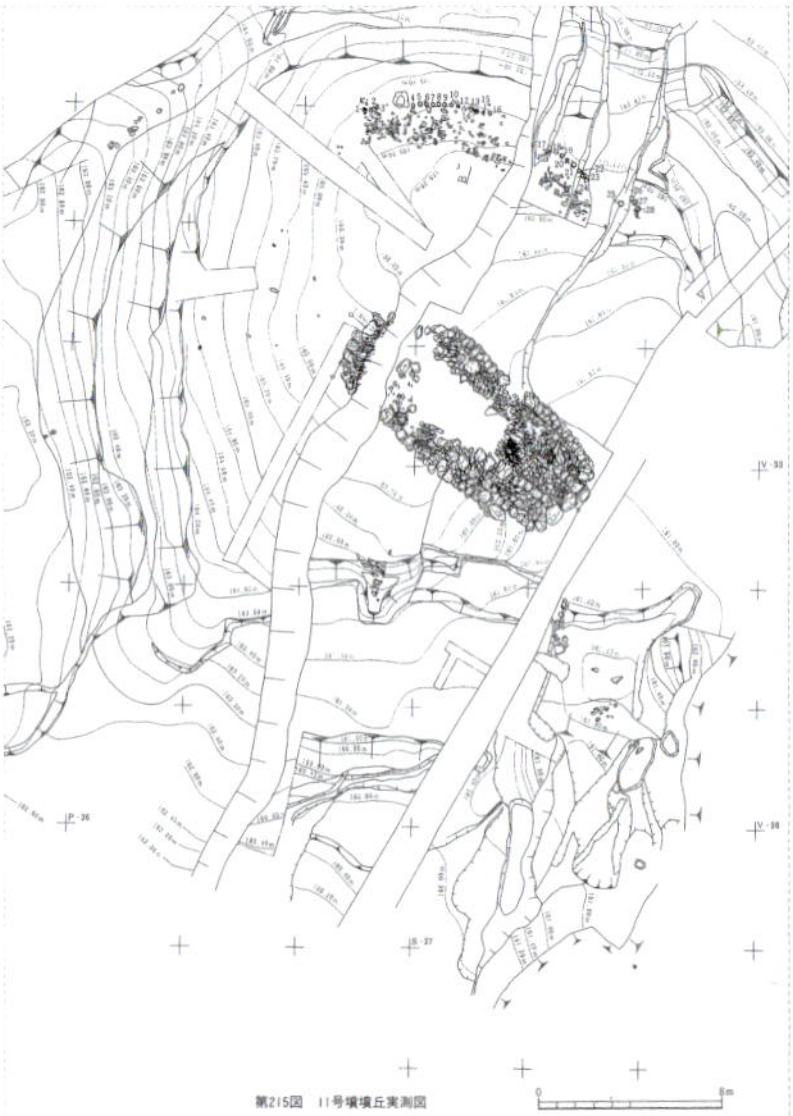

11号古墳墳丘実測図（群馬県埋蔵文化財調査事業団調査報告書153集、1993より）

寺沢地区には、二〇基の古墳と弥生時代から平安時代の住居跡三二軒などがありました。地すべりの要因となる山腹の土砂を大量に移動する対策工事に先立って平成元年（一九八九）、二年（一九九〇）に発掘調査が行われました。調査された古墳の中には地すべりにより横穴式石室が数メートル分離し、陥没していたものがありました。

具体的には、住居跡は一カ所で地割れの影響で土層に乱れが生じ、古墳は八カ所で地すべりに伴う陥没によって沈降が見られました。

少林山２号古墳（台地先端部につくられた円墳：移築し復元）

古墳時代には安定していた寺沢地区で、昭和三十三年になって地すべりが急に始まり、対岸の藤塚地区にまで及んでいますので、台風による降雨だけが地すべりの原因ではないのだろうと推測されます。

観音山丘陵の他の地域で、ちょうど観音山と碓氷川の流れの方向と同じ関係になった場所で、地すべりのしくみをもった斜面の崩落事故が起きています。そこでは、傾斜する地層の下端が削られた結果、支えを失った上部の地層が崩れ落ちていました。

少林山地域でも、碓氷川の浸食で地層の下端が削られ続け、土塊に加わる負荷が積み重なっていたところに、台風による多量の降水の浸透が引き金になったのではないでしょうか。

■中島 啓治

3 少林山地すべりと亜炭鉱

安中市の亜炭鉱の調査報告書

高崎市南西部の観音山と呼ばれている丘陵地帯があります。ここから安中市秋間丘陵にかけて新生代新第三紀中新世の堆積物である板鼻層が広く分布しています。特に上位の地層には礫岩層や砂岩層が多く、この中に亜炭層もはさまれています。亜炭層も高崎市から安中市まで広い範囲にみられます。

この地域の亜炭層の厚さは薄く、地層としての連続性も乏しいのですが、大正時代の採炭最盛期には、年間七万トンもの採掘が行われていました。

亜炭層の採掘が少林山の地すべりの原因の一つではないかと思われる資料があります。地質学者の作成した報告書です。

碓氷川を挟んで南側の岩野谷及び北側の板鼻付近に所在した二つの炭鉱による昭和三十一年（一九五六）、三十三年に作成された報告書です。安中市の範囲では、東に行くほど採炭条件が良くなる傾向があり、出炭量の多い炭鉱は、下秋間か

安中市の亜炭鉱ずり山（岩野谷：人家の背後の竹藪の高まり）

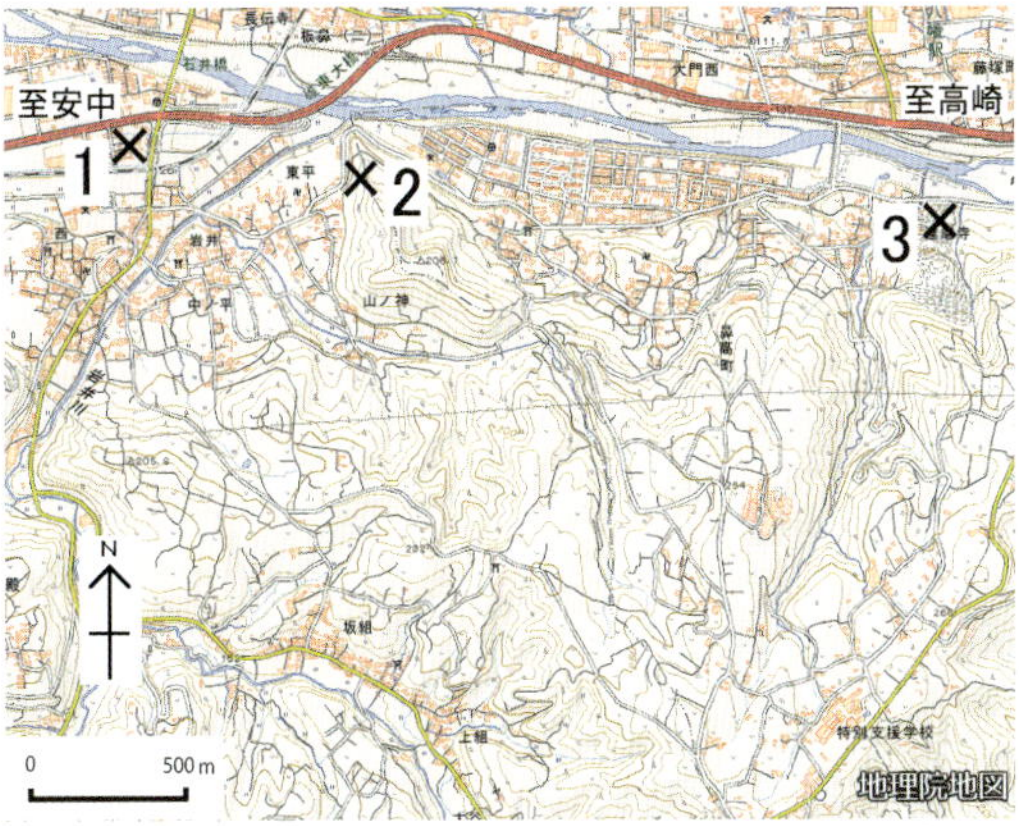

安中市の炭鉱・少林山の位置図　×1・2：炭鉱　×3：少林山
「地理院地図（電子国土 web）に加筆」

ら安中・板鼻・岩井付近に集中しました。この亜炭層は北東～北北東方向に一〇数度～二〇数度傾斜している上に、稼行に耐える炭層はほぼ一枚と限られ、〇・六メートルの薄さという、採算ぎりぎりの条件のために昭和三十年代に閉山しました。少林山の西方、安中市岩野谷の炭鉱の報告書には、「斜坑により着炭後は炭層傾斜に沿い十五度で一四〇メートル掘進し間隔を十二メートル置きに設け手掘り採炭した。掘られた亜炭とずりの割合は二対一で、採炭の跡は下盤の粘土或は砂岩を充填」、西方に六二〇メートル離れた板鼻の炭鉱の報告書には、「今後碓氷川河床の下底を採炭することになる。炭層の下の約八メートルに厚さ約十メートルの堅硬な**凝灰岩**があり坑道掘進に適した岩相」とあります。

少林山は岩野谷の炭鉱から、東に二キロの近距離にあり、報告書にしたがって坑道を掘り進めたとすると少林山の北を流れる碓氷川河床から北方の地下の亜炭層を採掘した可能性があります。もし、凝灰岩層に沿って亜炭層を採掘していたとしたら、凝灰岩は風化作用で滑りやすい粘土鉱物に変わりやすい岩石ですから、これが原因の一つになって、地すべりが誘発されたことも考えられます。

■中島 啓治

4 地震で動いた湯殿山巨大地すべり

水道の水源にもなっている活地すべり

高崎市上里見町～上室田町の烏川南岸に巨大な地すべり地形が存在します。東西の幅は二・八キロ南北の長さは一・五キロの馬蹄形を示し、その広さは現在活動している日本の地すべりの平均的な規模の一〇倍から一〇〇倍の広さを示しています。すべり面は**新生代新第三紀中新世**から鮮新世にかけて陸上に堆積した秋間層の中にあります。

地表付近には、浅間火山起源の火山灰層が何枚も重なって六メートルの厚さに堆積しています。それらの火山灰層は噴出年代がわかっているために、地すべりの影響がどの層まで及んでいるかを詳しく調べることで、地すべりの活動年代を決めることができます。

その結果、二万六〇〇〇年前ごろ誕生し、約一万年前と九一〇年前以降二三五年前以前の少なくとも二回の再活動が確認されています。この二回の再活動はいずれもこの地域です

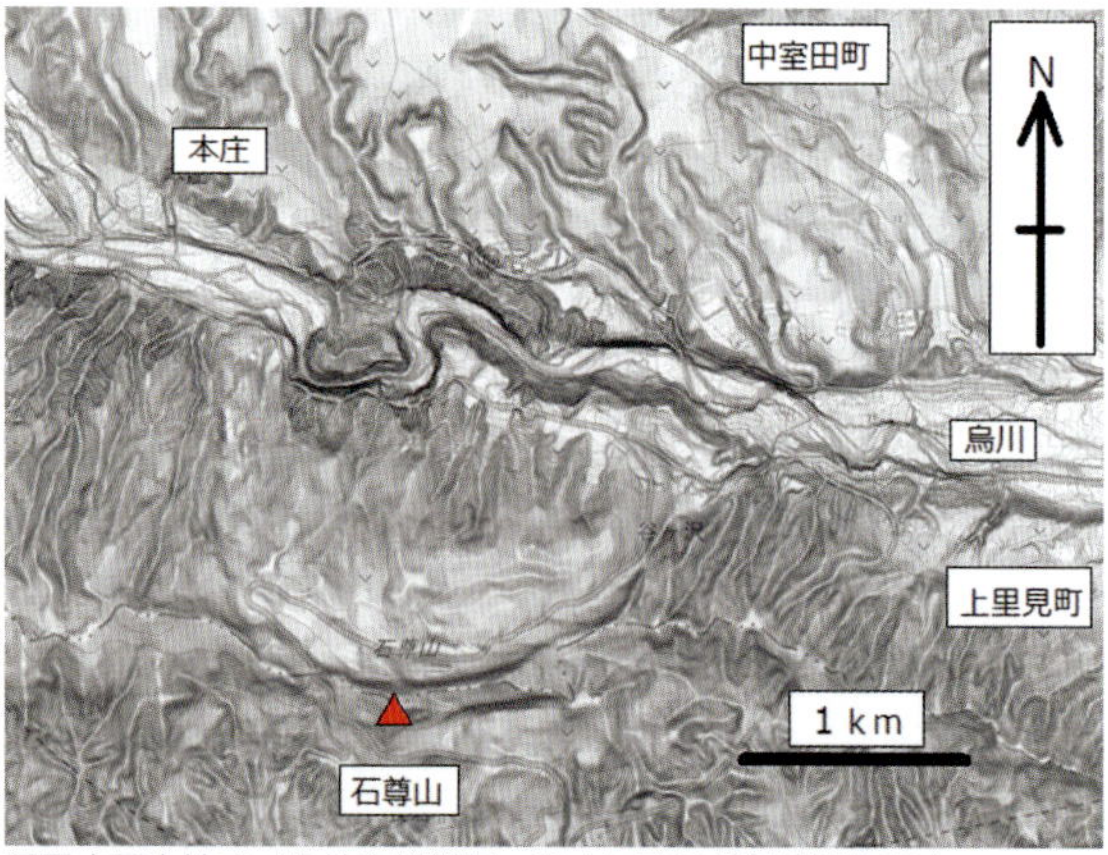

湯殿山巨大地すべり地表傾斜図　黒くなるほど急傾斜を表す
（国土地理院傾斜図に加筆）

でに明らかにされている古い地震による液状化の発生時期と一致することから、地震が引き金になったと判断できます。また、この地すべりは末端部の治山構造物や利水設備に大きな変状が確認されていることから、現在も活動している「活地すべり」と考えられます。

北側から南方を臨んだ全景　中央のピークが石尊山

この地すべりで最も心配されることは烏川の河道の閉塞です。地すべりで土砂が河道をふさぐことでせき止め湖ができ、さらにその決壊によって下流部で災害が発生する可能性が否定できないことです。このような巨大地すべりを力で抑えることは技術的にも経済的にも限界があります。そこで、実態を把握するための調査と観測がとても重要になってきます。そして、防止工事のようなハードな対策とともに監視システムの整備とそれに基づく災害予測などといったソフト面での対策を並行して検討することが求められています。

本地すべり地内では二カ所から大量の湧水があり、それぞれ上水道水として利用されています。その量は二〇〇〇戸分を賄えるもので、これは地すべりの「水がめ」としての役割をうまく利用した好例と言えます。このように地すべりは災害であると同時に、人によって利用されます。

■大塚　富男

5 譲原地すべりと下久保ダム

三波石の中の破砕帯地すべり

藤岡市鬼石《おにし》町から南西部へ三キロほど離れた神流川《かんながわ》左岸に譲原《ゆずりはら》地すべりがあります。この地すべりは面積一〇〇ヘクタールに及ぶ大きなもので、長瀞《ながとろ》でみられるような三波石《さんばせき》が地すべりの基盤です。この三波石分布地域では、層状の構造に沿って水が入り風化作用も進み地すべりが多発します。これらは破砕帯地すべりと呼ばれています。

人は古くから、山の南斜面の地すべりによって形成された平坦面を狩猟や林業といった生業の場として利用してきました。そのような地すべりは動くことで安定し、いったんは活動がやみますが、地盤のさらなる劣化や多量の降水によって活動を繰り返します。譲原地すべりも同様で、豪雨時には度々大規模に活動してきました。譲原の人たちの生活は、地すべりとの戦いと共生の歴史だったのかもしれません。平成七年(一九九五)に始まった大規模な「譲原地すべり対策事業」の工事後は被害が少

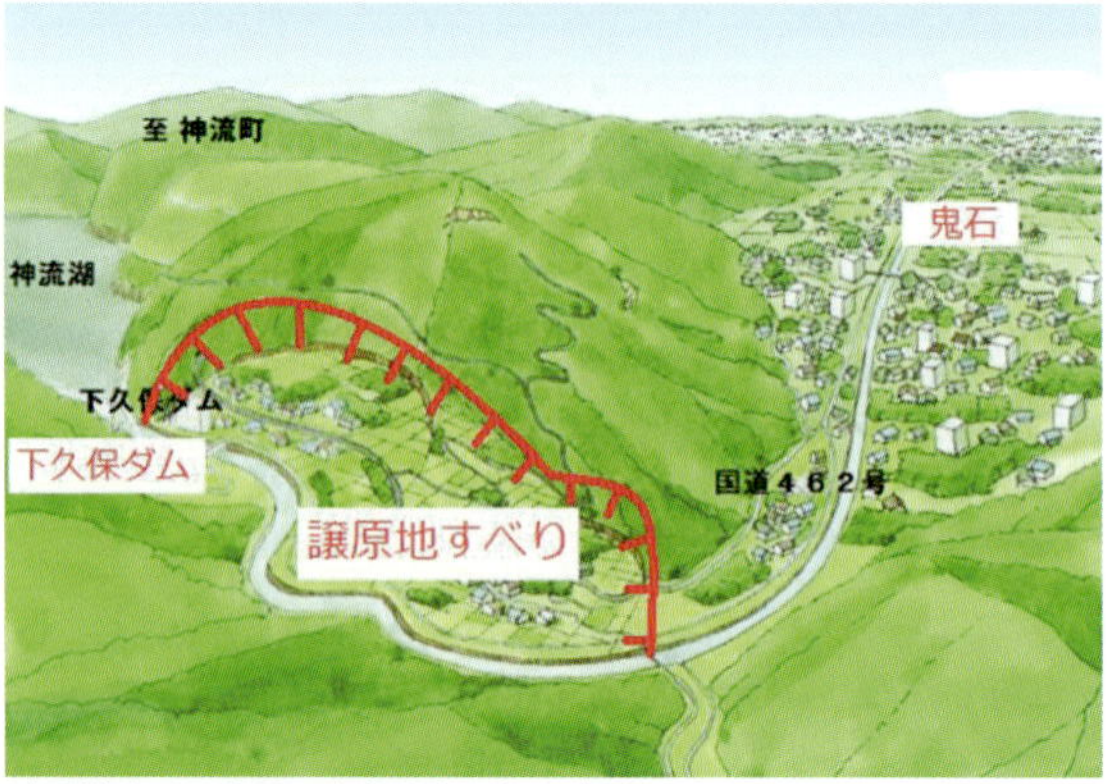

譲原地すべり全景　南東方向からの鳥瞰図
(国土交通省 HP の図に一部加筆)

なくなったことから、その効果が表れているという明るい展望もあります。

下久保ダムはこの地すべり地の近くに造られた多目的ダムです。カスリーン台風後の昭和二十四年（一九四九）に計画されましたが、脆弱《ぜいじゃく》な地質のため、なかなか建設地点が決まらず、苦労の末、今の地点に昭和四十三年（一九六八）に完成しました。このダム本体はとても珍しいL字の形をしています。普通のダム形式では地質と地形の制約からダムの高さは五六メートルになるため、一二〇〇万立方メートルの貯水量しか期待できません。L字形にすることで右岸の尾根を利用して、その高さを一二九メートルに増やせて、貯水量は一億立方メートルを超えることができました。背景には当時の東京の人口増加に伴う水需要の増加がありました。

L字型の本体をもつ下久保ダム（彩の国　埼玉県HPから）

下久保ダムと周辺の地すべり対策として平成三十七年まで平均すると毎年一〇億円以上が費やされます。災害では高齢者を含む災害弱者が生まれます。平成二十二年資料では譲原地すべり地付近の住人のうち、六〇歳以上の方の割合は六三パーセントを超えています。

地すべり地に人が生活している以上ハードな対策は必要ですが、災害弱者を意識した通報や避難に関するきめ細かいソフト対策も必要と思われます。

■大塚　富男

6 対策工事で守られる温泉街

四万温泉の地すべり

四万温泉は四万川上流の山間地にあり、周囲は標高一五〇〇メートルほどの山々に囲まれています。このような環境と泉質の良さ、また古き良き温泉街の雰囲気も相まって、近年では若い世代にも人気がある温泉地です。温泉街は四万川の両岸にあり、約四〇カ所に及ぶ宿泊施設や入浴施設があり、年間に四万地区の人口の五〇〇倍にあたる三七万人が訪れています。

四万温泉は昭和二十九年（一九五四）に国から「国民保養温泉地」として日本で最初に指定されました。その指定条件の一つに「災害に対し安全であること」が必要とされています。しかしながら、温泉街の中心をなす新湯地区の対岸には温泉街と向き合うように、大きな地すべりが存在しています。仮にこの地すべりが大規模に活動すると、崩壊土砂が対岸の温泉街の施設に直接の被害を与えることや、場合によっ

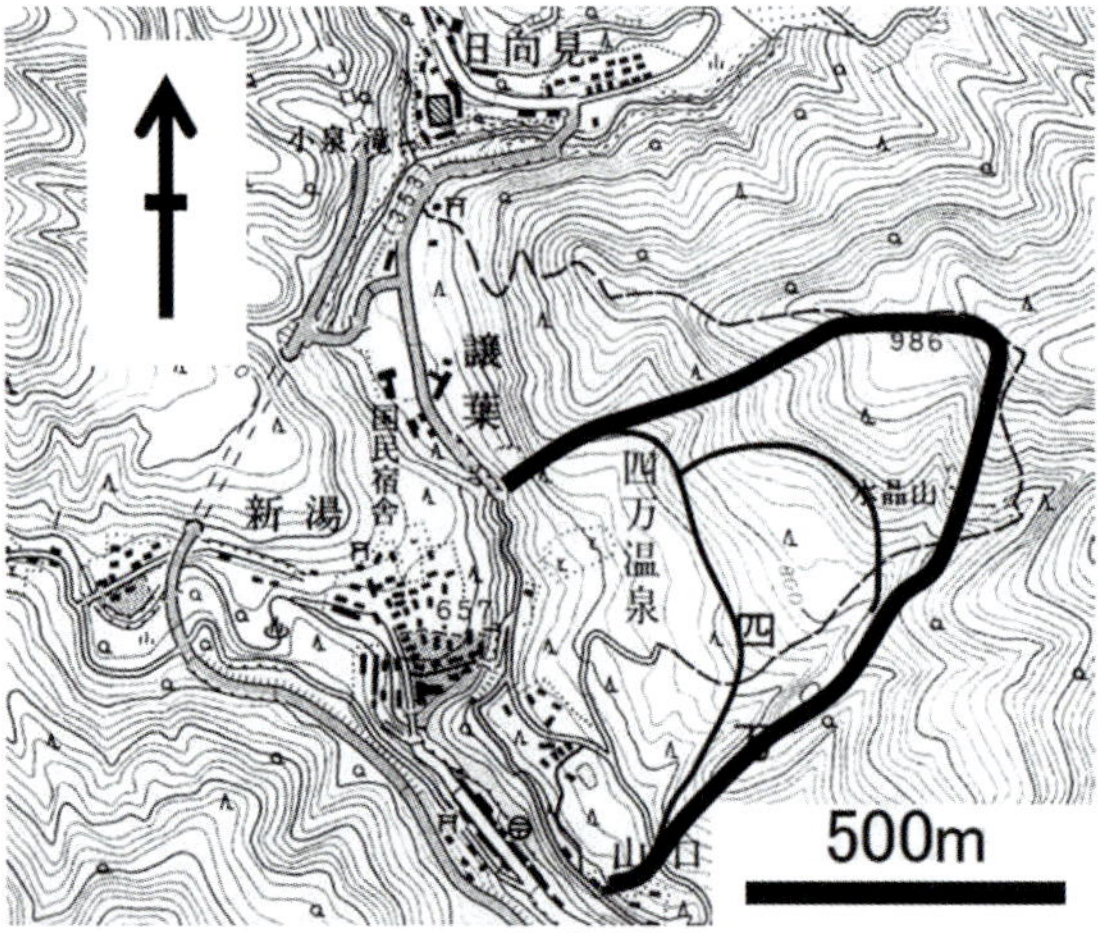

地すべり地の広がり　2.5万分の1「四万」に加筆

ては四万川にせき止め水域ができ、それが決壊することで洪水を発生させることが心配されます。その意味でも絶対に活動させてはいけない地すべりです。

この地すべりがある水晶山は名前が示すように一～五ミリ径の水晶がたくさん入った非常に硬い岩石からできているので、なぜ地すべりが起こるのか不思議です。しかし、よく観察すると全体に割れ目が発達していたり、地下からの熱水で溶かされた空洞がみられることから、雨水や雪解け水が浸み込みやすい岩石であることが分かります。

温泉街に対峙する地すべり

群馬県はこの地域を地すべり防止地域に指定して、平成三年度から平成二十二年度にわたり、地下水を抜くためのボーリングや九基の集水井を設置するなどの地すべり対策事業を行ってきました。対策工事が功を奏して現在、地すべりは活動を停止して安定しています。

温泉の湧出やそこで地すべりが発生することは、地球の自然の営みです。そこに人間が入り込むことで災害が発生するわけですから、私たちには自然をより深く理解するとともに、自然と共生するという謙虚な姿勢が求められているように思います。

■大塚　富男

7 大峰沼をつくった地すべり
山上の地下水がつくった風景

大峰山《おおみねやま》は利根郡みなかみ町にある、標高一二五四メートルの山で、西及び南は赤谷川、東は利根川で限られます。大峰山の山麓一帯にはグリーンタフと呼ばれる**新第三紀**の緑色凝灰岩類や黒色頁岩《けつがん》が分布します。

大峰山の主体は三峰山層という一一〇〇万年前の石英安山岩質火砕流堆積物で山の上半分を占め、大半が**非溶結**です。その上位には厚さ一〇〇メートルの利根溶結凝灰岩層が、吾妻耶山《あずまやさん》から大峰山を経て一〇五五メートルのピークにかけて、南にゆるく傾斜して分布します。利**根溶結凝灰岩**は六九〇万年前の陸上火山の火砕流堆積物です。

新第三紀層の分布範囲は一般に地形が急峻ですが、湖成層や非溶結火砕岩地域では傾斜が緩やかで、地表は丸みを帯びた穏やかな山容を示しています。利根溶結凝灰岩層は、山頂部に多少平坦面を残すものの、周囲は急な崖になっています。

三峰山層は比較的柔らかく水を通しにくく、利根溶結凝灰岩は硬

大峰沼

く見えますが、柱状節理が発達して隙間が多く**帯水層**となります。大峰山の中腹では、割れ目に水を貯水できる利根溶結凝灰岩層の下に、水を通しにくい三峰山層があり、その境界付近から水が湧きだしているようです。三峰山層の溶結凝灰岩分布地域と非溶結凝灰岩分布地域の境界付近には、境界に沿ってやや平坦な地形が見られ、特に境界線付近の利根溶結凝灰岩の崖の下には、所どころに凹地が形成され、溶結凝灰岩が露出したり、一部には水がたたえられています。大峰沼や古沼はこうした地形のところにあり、浸食や過去の地すべりで形成されたと考えられます。西麓の南ケ谷湿地もその仲間です。風景の中に自然の生い立ちや災害の履歴をさぐる手掛かりがひそんでいたのです。

凹地に露出する溶結凝灰岩

　こうした湖沼や湿地の堆積物の珪藻分析をした結果では、南ケ谷湿地の深度四メートル八〇センチの泥炭から、ここが約三〇〇〇年前の後氷期の湿地であったことが分かりました。また、大峰沼の湖底から深度七メートル八〇センチの泥炭は紀元前六七八〇年前ごろのもので、この泥炭が堆積した頃の日本は年平均気温が現在より二度程度高かった温暖な期間でした。この後、気候は冷涼化し、降水量が増加したことが分かりました。

■中島 啓治

8 渋川市 小野子山南麓の地すべり

大地すべりの中の小規模地すべり

平成十年（一九九八）の夏は、梅雨明けが八月にずれこみ、すっきりしない天候となりました。追い打ちをかけるように八月末には台風の影響が重なり、地中は浸透した雨水で過飽和状態になっていました。

　このような地盤条件のもと、渋川市北西部の小野子山《おのこやま》南麓で、九月一日の夜、突然、地面が動き出し、翌日まで続きました。地すべりが発生したのです。

　地すべりの範囲は、南北の長さ六〇〇メートル、東西に幅二〇〇メートルの南北に細長い形でした。この地すべりは、南麓全域にわたる長さ・幅ともに一キロ強の大きな地すべりの中の小さな地すべりで、南の吾妻川に向かってすべっています。その動きは数日で収まったものの、西端のすべり面は斜面に沿って約五センチずれ、東端ではすべりに直交する方向に約三五センチの亀裂を生じました。地すべりの向かう先には、吾妻郡内への交通の

南から見る小野子山と地すべり（白破線）

地すべりで生じた地割れ全景と拡大写真（右下）

動脈となるＪＲ吾妻線と国道三五三号が併走しています。

早々に地すべり調査が実施され、対策として地下水を抜き取る集水井《しゅうすいせい》や地盤の動きを抑える抑止杭が設置されました。また、地すべり地内で十数本ものボーリング掘削調査が行われたにもかかわらず、地盤構造が複雑で、すべり面を正確に記入した地すべり断面図の作成には至りませんでした。

小野子山南麓の地盤は、約一〇〇万年前にこの地域が湖だったとき、その湖底に積もった粘土質～砂質の小野上層という、縞模様の発達した軟弱な地層からできています。昔の隆起運動の影響で、小野上層の地層は多くの場所で南に傾斜しています。地すべり地の小野上層も南へ傾斜しており、地すべり面の傾きとほぼ一致しています。おそらく地層面が地すべり面になっているものと思われます。

不運にも緊急避難を余儀なくされた被災住民は、活地すべりの被害を体験し不自由な生活を余儀なくされました。しかし、最新技術を取り入れた対策工事によって、以前より安全性が高まった地盤上で、日々の生活を営むことができるようになりました。

■中村 庄八

9 安中市水境　地すべりを利用した溜池

失われてゆく里山の風景

安中市の東南端の水境《みずさかい》、水境川の上流部、川に沿った丘陵地形を刻む小さな谷の出口を堤で仕切り人工的に造った農業用溜池が数個あります。

この辺りは岩野谷丘陵と呼ばれ、東方の高崎市観音山や南方の富岡市藤木、北西方の碓氷川対岸の安中市桃山と地質的にも地形的にも類似しています。地層は九〇〇万年ほど前の**新生代新第三紀中新世**の板鼻層からなります。丘陵の頂の高度は二五〇メートル前後でほぼそろい、上間仁田付近に分布する安中市安中・松井田町の一番高い河岸段丘面が形成された三〇万年前に丘陵の原地形は造られました。

この水境川の上流、枝沢の出口に溜池が造られ、沢に沿って水田が造られています。池の形は、**谷頭**《こくとう》の地すべり面上に仕切った堤と谷筋に沿った形に規定された形をしています。

沢の東端の夫婦池と呼ぶ二つの溜池の辺りの小字名は長者久保

安中市水境川の溜池（夫）の様子

と言います。この地名は、長者のような豊かな土地になってほしいという願望から付けたのでしょう。

水境の長者久保には、小名として三番谷津、四番谷津、五番谷津、南谷津、北谷津があります。谷津は丘陵地に谷が発達した地形です。この沢の南の斜面の小名は長峯と呼ばれます。地名語源辞典（校倉書房）には、『ナガのつく地名は多い。竜蛇の意味、すなわち竜神、水神の意味ではなかろうか』とあります。対岸や沢底から見ると尾根が長く連なって、うねうねとヘビのように見えることや、豊かな水のあることを願ってのことでしょう。

安中市水境の水田跡（2017年秋）

溜池はいつ頃造られたかを近くにお住まいの方に伺うと、明治時代初期だろうとのお話でした。収穫されるお米は一〇《アール》当たり八俵くらいになるとのことで、昔は一年で一人二・五俵食べたと言われますので、二〇〇人近くもの人を養えたことになります。この谷の広がりを一望するとき、溜池の果たす役割の大きさと、稲という作物の生産性の高さには改めて驚かされます。

最近は、いろいろな事情から耕作放棄される農地が増えています。水田や里山の美しい風景も一度失われると、なかなか元には戻らないものです。

■中島 啓治

10 地すべりで出土したオオツノシカ

絶滅動物化石の発掘

二〇〇年以上前の寛政九年(一七九七)のことです。富岡市の七日市駅の北北西二三〇〇メートルの、上黒岩の深町にある小丘の麓から、ほぼ完全なオオツノシカの骨が出土しました。

発見の事情が記された現地の古い石碑から、七月七日に人々が積極的に小川のほとりを発掘して得たことが分かります。古生物学史上、わが国の最も古い発掘記録で、科学史的にも興味深いものです。この土地の人が蛇骨といっている竜骨つまり化石骨が、富岡市の蛇宮神社に大切に保管されています。

現地は上黒岩深町、海抜二四〇メートル内外の丘陵地で、東西方向に流れる星川の上流谷頭部にあたります。小丘の上に小さな観音堂と墓地と竜骨碑があります。丘の北麓の小川の崖に、厚さ約二メートルの灰黒色泥層が露出し、一部は泥炭質です。この部分の花粉分析の結果は、一種の寒冷気候を示します。おそらく更新世末期のもので、この地層から竜骨が発掘されたことは確実です。

龍骨碑(富岡市上黒岩深町)

黒岩山の龍骨（尾崎博：一九六〇）によれば、「地盤をつくっている新第三紀層の中に、ベントナイト質の凝灰岩質頁岩《けつがん》が含まれているので、崩壊しやすい。そのために、この付近には、山崩れ、地すべりなどがかなり多く、土地の人たちは蛇崩《じゃぐえ》と呼んでいる。遍照寺の大日尊をまつる堂宇は西向きに建ち、その正面に五〇〇メートル位離れて小丘がある。丘の中腹に観世音を収める小宇《しょうう》（小さなお堂）があり、角や骨はその下の畑から、一七九七年に掘り出されたものである。古老が伝えるところによると、付近に蛇《じゃ》がいて、山中で大暴れしたので山崩れが起り多量の土砂が崩壊してきたので、皆がこまったが、大日様が、これを抑えてくれたということである。土砂の中に死にたえた蛇の骨は掘り出されて大日尊をまつる堂宇に納められ、さらに前田家（藩主）へ贈られ、前田家はまた、これを尊崇する蛇宮神社へ奉納した」とあります。

地すべりによる災害をたくましく生活に生かしてきた、先人の生きる力には学ぶものがあります。

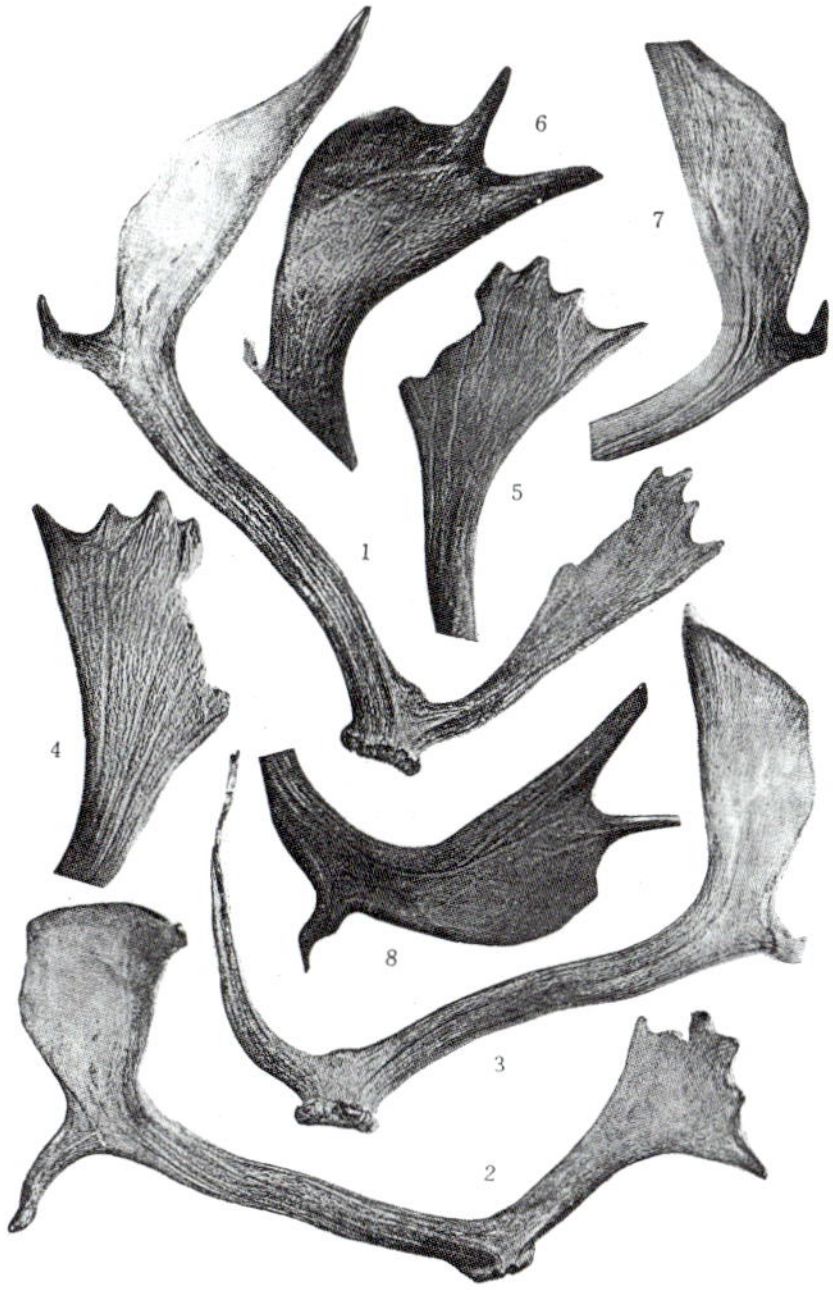

ヤベオオツノシカ：国立科学博物館報告50号

■中島 啓治

11 嬬恋村　小串硫黄鉱山の地すべり災害

硫黄産額全国第2位の重要鉱山

草津、本白根山の南西方、万座川の上流部、長野県境に近い群馬県吾妻郡嬬恋村干俣に、小串硫黄鉱山があります。群馬県にありながら、精製硫黄の運搬は長野県高井村牧へ索道で輸送されました。

国勢調査では、昭和三十五年（一九六〇）人口総数一四八一人、世帯数三三六戸でした。従業員数が一番多かったのは昭和三十二年（一九五七）が五九五人でした。昭和三十五年に、大気汚染の公害問題が議論されるようになり、石炭燃料の脱硫が課題となってきました。除去された硫黄は副産物であり、回収硫黄はただ同然であり、硫黄生産会社を脅かすようになりました。産業界はコストの安い回収硫黄に移りました。昭和四十六年に硫黄の販売が止まり、四二年間の事業を終え閉山しました。

昭和の中ごろまで、家庭での火付け役の硫黄を溶着させた「付け木」として生活の必需品でした。また、化学工業に使う硫酸の原料でした。小串鉱山の硫黄鉱床は大正十二年（一九二三）に発見

小串鉱山地蔵堂（2017年8月）

第二の尾去澤事件突發す
小串鑛山（群馬）に山津浪
酸鼻・約六百名死傷す
火藥庫相次いで爆發
雪融けて地盤弛む？
副主任ら死傷
監督官補行方不明

小串鉱山災害1936.11.11付東京朝日新聞

され、硫黄産額の記録では、昭和四年（一九二九）の開山から昭和四十六年（一九七一）の閉山まで最盛期は年間二万トン余りを採掘しました。一番多いのは昭和四十三年（一九六八）の三〇・〇五七トンで岩手県の松尾鉱山に次ぐものでした。

ここで昭和十二年（一九三七）に大規模な土砂崩れがありました。この事故については、嬬恋村が昭和四十九年（一九七四）に行った現地聴き取り調査による製図の資料では、被災規模は幅五〇〇メートル、長さ一キロと報告されています。新聞では山津波の襲来とされているものは、二度にわたって発生した地すべりでした。崩落規模は、幅三〇メートル、長さ七〇〇メートルあり、精錬所、事務所、社宅、学校などが押し流されました。建物は土砂に埋まり、あるいは谷へと運ばれ、火薬庫の爆発も起こりました。死者二四五人、負傷者三二人という大惨事でした。原因は降雪後の晴天のため地盤が弛み山崩れを起こし、陥没、火薬爆発などの災禍を起こしました。

地すべりの発生地点は地蔵堂の後方の崩壊した斜面でした。鉱山という特殊な環境で発生した地すべりです。開発にはさまざまな災害の発生も予測しながら、対策を講じることが求められます。

■中島 啓治

12 橋をゆがめる生須の地すべり

吾妻郡中之条町六合地区の地すべり対策

吾妻郡中之条町六合《くに》地区の生須《なます》の地すべりは、吾妻川と支流の白砂川の合流点より一〇キロ上流の、白砂川に架橋された竜宮橋の左岸斜面にあたります。当地すべりは六合地区の中心地の近くに位置することから、地すべり地内および地すべり被害想定範囲内には、町立六合中学校、町の体育館・総合グラウンドをはじめ、発電所、高齢者施設、道の駅、民家、工場、国道、県道などの重要な保全対象が散在します。

昭和五十七年(一九八二)八月の台風一〇号に伴う集中豪雨のときに、地すべりが大きく滑動し、地すべり末端部の竜宮橋が三三センチも隆起するなどの現象が認められました。昭和六十年(一九八五)六月の梅雨期の集中豪雨にも、竜宮橋に変異が認められ、累積五五センチもの隆起が確認されました。

地すべりが発生するしくみは、基盤岩に熱水変質作用を受けて脆弱化した脱色・粘土化した部分が頻繁に認められ、す

竜宮橋(計55cm 隆起:平成11年撮影)
(群馬の地盤(社)地盤工学会関東支部)

2017年8月の竜宮橋（右岸より撮影）

べり面はこの熱水変質脈に形成されています。地すべりの頭部には、最大層厚二〇メートルを超える、草津白根火山の火山泥流によるせき止め湖の堆積物で構成される第四紀の未固結な砂礫層が乗り、地すべりのすべり面に対して水を供給するとともに、豊富な地下水の供給源となっています。また、背後斜面が広い集水域になり、降雨時には地表水が地すべり内に流れ込む構造になっています。

生須地すべりの活動は断続的であり、降水量の少ない平常時は安定していますが、**実効雨量**二〇〇ミリを超えると明瞭な活動が記録されています。平成十年度（一九九八）から平成十三年度（二〇〇一）にかけては、台風による豪雨で実効雨量二〇〇ミリを超える雨量に見舞われ、累積三ミリ～八ミリの地すべり滑動が記録されています。

地すべり対策事業前には、竜宮橋が太鼓状に隆起し、通行不能になりました。また、六合中学校の外構部に亀裂が発生し、県道55号中之条草津線が亀裂により通行不能になりました。地すべりを抑えるため、集水井を整備し井戸に水を集め、地下水を排水する工事を進めています。

近くに観光地を控えて多くの人が訪れるようになっていますので、日常的な点検と保安対策が求められます。

■中島　啓治

13 安中市のお化け丁場

地すべりによる地名

安中市松井田町の五料《ごりょう》に、お化け丁場《ちょうば》と呼ばれる場所があります。何とも不気味な地名です。丁場とは、いまは余り使われない言葉で、『広辞苑』(第五版)には「ある区間の距離」とあります。

松井田の街から横川に向かって、上信越自動車道の高架を通り過ぎると、JR信越線と国道18号が並列する場所から、赤い前掛けをした二体のお地蔵さんが後ろ向きに立っているのが望めます。夜泣き地蔵と呼ばれ、崖を迂回して上を通る旧中山道に向き合って立ち、旅人を見守ってきました。この辺りの、JR信越線と国道18号の敷設面から碓氷《うすい》川にかけての斜面がお化け丁場です。

JR信越線は、中山道幹線鉄道として高崎・横川間は明治十八年(一八八五)十月十五日に開業しています。そのときに北側の斜面を削って鉄路敷設面とした難工事の様子が斜面のコ

松井田から横川へ向かう JR 信越線・国道18号と「お化け丁場」の木立

ンクリート擁壁と上の斜面の岩塊にうかがい知ることができます。

安中市文化財調査委員の佐藤義一さんによると、「昭和十一年のこと、堀があったところに信越線の南に並んで新中山道が国道として建設された。しかし、いつまでもズルズルと滑り、道が碓氷川側へ傾きひびが入るなどなかなか安定しなかった。そのため、いつも土砂を碓氷川側に移すなどの工事をしており、バスが落ちたことがあった。夜中に地中から滑る音が聞こえてくるほどの恐ろしい所だった。当時は、夜は暗く気持ちの悪い場所だったこともあって、「お化け丁場」と呼ばれることになったのではないか」ということでした。

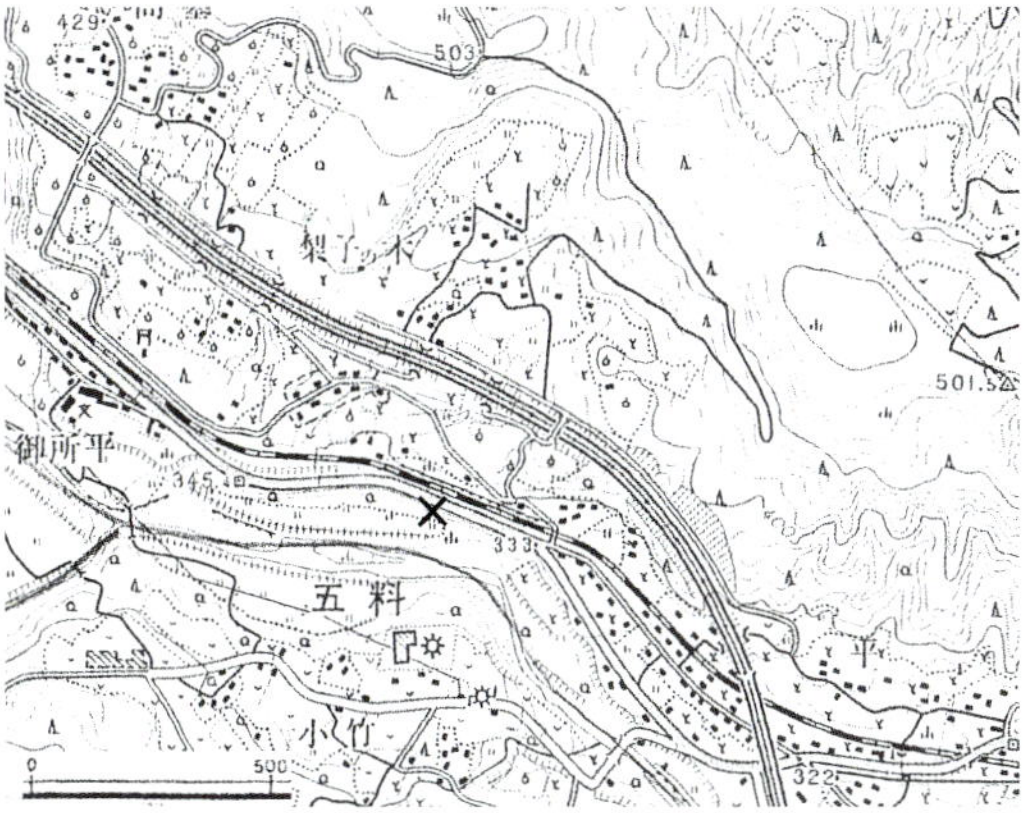

「お化け丁場」の位置図　×地点　(2.5万分の1 松井田)

地形図を見ると、碓氷川の川幅は下流側で急に狭くなり、北側から崖が迫る場所です。崖は国道18号から碓氷川の河床面まで五五度の急斜面で一気に落ち込んでいます。しかも、竹藪と杉が混生する崖の斜面は丸く膨らんでいます。「お化け丁場」から碓氷川の河床へ下りる丸く膨らんだ斜面を切った道沿いには地すべり堆積物の礫が見られます。

風変わりな地名は、しばしば被災を反映していることがあります。身近な地名にも関心を持ってみることも大切です。

■中島 啓治

14 地盤沈下と地下水位の低下

東毛地域を中心に地盤沈下

群馬県の平野部は、関東平野の北西部地域にあたり、利根川と渡良瀬川にはさまれた地域です。利根川の南側に隣接する埼玉県においては地下水の汲み上げの影響で早くから地盤沈下が起こっています。群馬県内の地下水をためている地層群は、埼玉県側とつながっているので、本県の平野部でも地盤沈下、地下水位の低下が起きています。

群馬県の平野部には、大間々扇状地、渡良瀬川扇状地と、その南方に木崎・由良台地、邑楽台地が分布しています。本地域の沖積低地は、大部分が台地内の**谷底平野**性の低地で、大河川による氾濫低地は利根川沿岸低地、渡良瀬川扇状地付近に見られます。本地域の地下には、厚さ二〇〇《メートル》以上の更新統(**氷河時代**の地層)が伏在します。海成層がよく保存されているのは十数万年前まで沈降が続いていたため、堆積空間が安定的に形成されたのです。

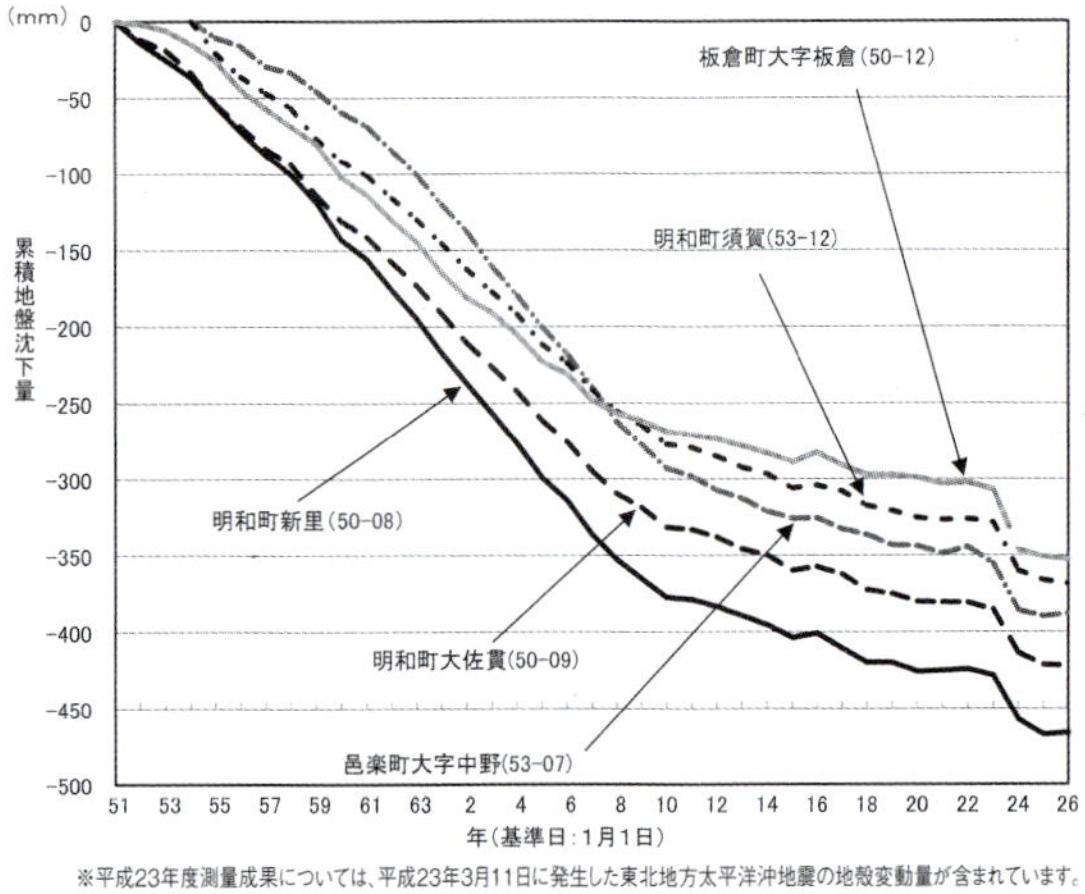

※平成23年度測量成果については、平成23年3月11日に発生した東北地方太平洋沖地震の地殻変動量が含まれています。

累積地盤沈下量上位5地点:群馬県環境白書2014

さて、地盤沈下は、過剰な地下水の採取によって、主として粘土層が水を失って収縮するために生じる現象です。地盤沈下は、比較的緩慢な現象で徐々に進行し、いったん地盤沈下が起こると元に戻りません。

地盤沈下は近県も含めた開発が進行する中で、上水道、工業用水、農業用水などを得るための地下水の揚水によるもので、それが水を抜かれた地層の収縮として現れています。一級水準測量による累積沈下量は、最大の明和町新里では、昭和五十一年（一九七六）から平成二十六年（二〇一四）の一九年間に四六六・三ミリですから、年に二四・五ミリとなります（群馬県環境白書：平成二十六年九月）。

地下水の採取は、深度一〇〇メートル以深、特に一五〇メートル以深の被圧地下水であり、ほとんど同一層準の帯水層（砂礫層、砂層）から取水しています。藤岡の地下水位観測井の地下水位計では、昭和五十五年から平成二十六年の三四年間の累積低下量は四・六メートルですので、年に一三・五センチの低下量です（群馬県環境白書：平成二十六年九月）。

地盤沈下は、地下水の過剰な汲み上げによって生じるので、地下水利用の適正化が重要です。また取水は、地下水から表流水への転換の推進に努めることです。

鉄橋への沈下の影響（橋脚が石垣に対して抜け上がっている）

■中島 啓治

コラム 4

大地が水に浮いて流れる？
地すべりや斜面崩壊での水の役割

平成26年の広島県豪雨災害の報道で、深層崩壊という概念がNHKの番組で紹介されたことがありました。広島市は広く花こう岩でできている土地です。花こう岩は深成岩で石造建築などにもよく使われますが、表面から徐々に風化して、鉱物結晶の結び付きが壊れて砂のようになる性質があります。広範囲が花こう岩でできている土地なので、風化が進んでも見かけ上はすべてが花こう岩のままであるように見えますが、場所によっては地表面から深さ25mくらいまで風化が進んでいる場合があります。風化していない花こう岩は水を通しませんから、そこに集中豪雨で多量の水が地下に浸透すると、風化花こう岩のすきまが水で満たされることで土粒子や岩片どうしをくっつけている力が低下してしまいます。そのまま静かに地下水が流れ去れば問題はありませんが、地表部で濁流が流れ下ったりして、その振動や流れに表層部が引きずられて動き始めると、岩盤の上の大量の土砂が一斉に動き出して深層崩壊が発生します。

花こう岩地帯に限らず、土石流が流れた跡を見ると、硬い岩盤が残されていますから、同様のしくみがあるのではないでしょうか。地すべりが台風襲来時などに滑動するのは、多量の降水が地下に浸透して地すべり土塊と下の動かない岩盤との結び付きを弱めるので、何かのきっかけで動き出すのです。

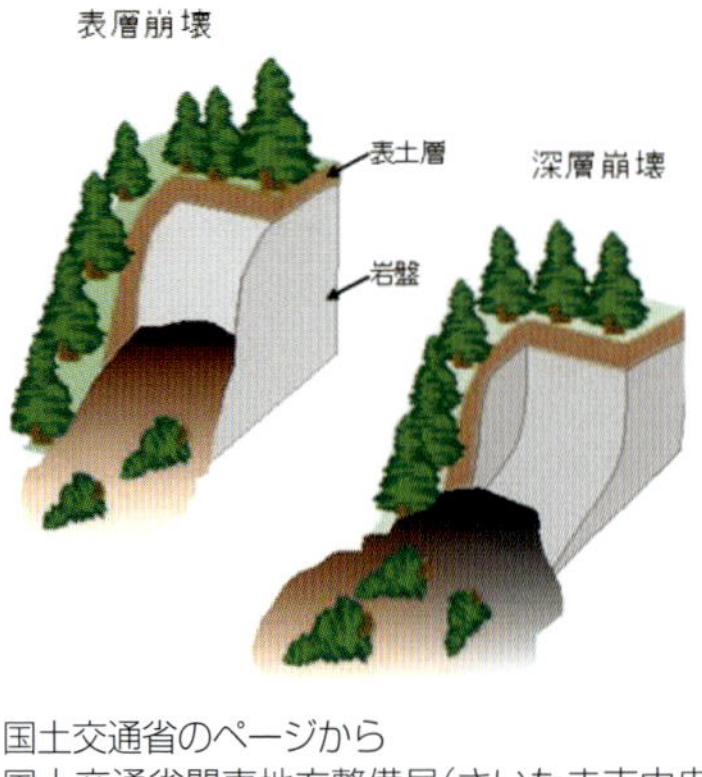

国土交通省のページから
国土交通省関東地方整備局（さいたま市中央区）のwebページから

（中島 啓治、山岸 勝治）

第４章　群馬の土砂災害

1　安中市北西部の集中豪雨

1968年8月22日

昭和四十三年（一九六八）八月二二日の午後七時過ぎのことです。安中市北西部から榛名山南麓の山間部一帯が局地的な集中豪雨に見舞われました。

　雷を伴って記録的な一六〇～二三五ミリを観測し、後閑《ごかん》川、秋間川や烏川などの上流で、山くずれや鉄砲水が発生しました。降り出して一時間もたたないうちに鉄砲水が続出し、後閑川ではあっという間に堤防が破れるほどに増水しました。上後閑地区で八棟が全半壊し、上後閑の木戸橋、榛名町では本庄橋が流失し、後閑川と秋間川の農業用水の取り入れ口はほとんど全部流されるなど、各地で甚大な被害が続出しました。

　安中市上後閑小学校（当時）に沿って西方を南に流れる小名沢川は増水し、この川に架かる県道の小名沢橋に流れてきた大量の流木や土砂崩れの石が詰まって川の流れ

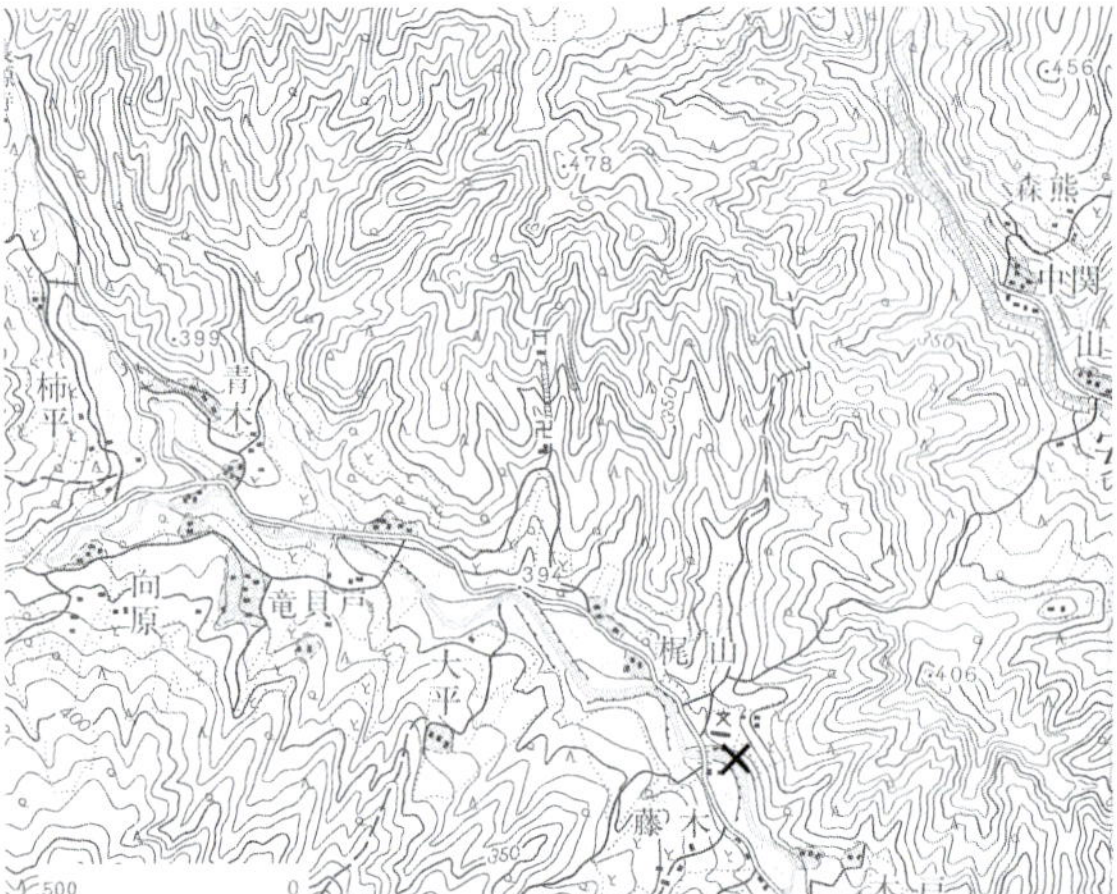

安中市中後閑の位置図　×印地点　（2.5万分の1 三ノ倉）

安中市上後閑小学校（当時）校舎と校庭
約1.7mの土砂に埋まっている様子

をせき止められて氾濫し、校舎内や校庭は一～一・七メートルの土砂で埋まりました。

この災害の翌日は、山くずれ、流された家屋が県道をふさぐなど、通行が不能になりました。写真は早朝に徒歩で現地に入って撮影した小学校の校庭と校舎の被災状況です。

この集中豪雨は日本海にあった寒気が上空に張り出し、南の暖かい高気圧とぶつかって天候が不安定になったために発生したものでした。当時の観測網では、局地的に一時間四〇分という短時間に降っているので、予報は不可能だったのです。

また、小名沢川の上流の地層は、高崎市観音山から連続して分布する約九〇〇万年前の板鼻層で、礫岩《れきがん》、砂岩、泥岩、凝灰岩で構成されています。下部の凝灰岩層の直上には、厚さ一〇～三〇センチの亜炭層が最大六枚あります。板鼻層は固結度が高くしっかりしていますが、表面は風化して崩れやすくなっています。

しかし、この災害は地質による影響も考えられますが、激しい集中豪雨で、上流の集水域が広い小名沢川で、大量の降水が一気に下流に集中したことが主な原因であったと考えられます。

河川改修は都市部の河川に施工されることが多く見られますが、上流部にあっても河道の拡幅などが今後の洪水対策には必要です。

■中島 啓治

2 熊ノ平駅の大惨事

信越線熊ノ平駅の土砂崩れ

昭和二十五年（一九五〇）は例年になく長い梅雨に見舞われ、五月二十日過ぎから降り始めた雨は半月近くも降り続いていました。

六月八日午後八時三〇分、信越線熊ノ平駅構内の第一〇トンネル出口の北側斜面が、降り続いた雨のために地盤が緩み、赤土と**浅間砂**の土砂が約三〇〇〇立方メートル崩れ落ち、線路を埋め、トンネルの口をふさぎ、列車が不通となりました。復旧作業は徹夜で行われました。雨は降り続き、雨水が崩壊した斜面を濁流となって流れ落ち、崩壊地近くの官舎の家族は、二次崩落の危険を避けて避難しました。夜明け近くになって、土砂の除去作業がほぼ完了したので、家に帰り朝食の支度にかかりました。

午前六時六分、二次崩落が起こり、突如大音響とともに最初の崩落の数倍にも及ぶ大量の土砂が、復旧中の作業員に襲いかかり、官舎五棟八戸の家族もろとも押しつぶしました。

この土砂は急坂を奔流して、国道を越えて中尾川まで流出しま

熊ノ平駅の位置図　×印地点　（2.5万分の1 軽井沢）

した。そして逃げ遅れた駅長をはじめとする国鉄職員および作業員三八人と職員の家族一二人の計五〇人が犠牲になり、重軽傷者も二三人を出す大惨事となりました。かろうじて助かった人も、あまりの凄惨さに呆然とするばかりでした。

推計約七〇〇〇立方メートル余という大量の土砂が堆積したために、遺体捜索も思うにまかせず、三次崩壊を警戒しつつ雨の中で負傷者の救出や遺体の発掘にあたりました。全遺体の収容には、三日間にわたる困難を押しての作業によって終わり、この災害がいかに物すごかったかを思い知らされます。

熊ノ平駅の母子像

遺体発掘にあたっては、乳飲み子をしっかり抱きしめた母親の遺体が押し潰された官舎から発見された時は、居合わせた救助隊員の涙をさそいました。それをモチーフとした殉難碑「母子像」が翌年の一周忌にあたり災害現場に建立されました。

この山崩れは、碓氷線最大で、国鉄災害史上でも五指に数えられるほどの大惨事でした。

碓氷峠を抜ける国道18号の旧道は、道路が観光用に整備されていますが、強い降雨のときには土砂災害の危険があるので注意して利用してほしいものです。

■中島 啓治

3 高崎市箕郷町車川の山津波

1966年9月11日夜半の集中豪雨

高崎市箕郷町善地に車川が流れています。西側の十文字には車持神社があり、車郷《くるまさと》の車や久留馬《くるま》の名前の由来になっています。車川は榛名山南面から南東部を流れ、上流は標高一三〇〇メートルの山に囲まれています。善地は標高二六〇メートルあり、車川は高低差一〇〇〇メートルを流れる河川で、たびたび鉄砲水による水害が起こりました。

鉄砲水は、集中豪雨で水かさの増した小川で濁流となって両岸の樹木を押し流し、押し流された樹木が堤防になって水をせき止め、ふくれあがって一気に川を下るため、下流に大きな被害がでます。また、榛名山麓は火山灰地層の地帯で集中豪雨にもろく、短時間に一〇〇ミリを超える雨量があれば、氾濫の危険性がある地域です。

昭和四十一年(一九六六)九月十一日、空は黒い雲がおおい、午後四時なのに夜のように暗くなりました。善地ではジェッ

高崎市箕郷町善地を流れる車川

ト機のようなごう音が空から鳴り響き、不気味だったという話です。午後四時ごろから雷を伴う集中豪雨となり、午後七時半ごろから家屋の浸水が始まりました。濁流が入ってきた家屋の中で大黒柱に体を縄でくくりつけ助かった人もいましたが、崩れ始めた物置の様子を見に行って亡くなった人など四人の死者を出す大惨事となりました。同日午後九時までの雨量は榛名山麓で一九二ミリと多く、家は土台だけ残してそっくり流れたため、翌日の上毛新聞には「記録破りの山津波」という見出しで被害状況が報道されました。箕郷町北部では、この「山津波」によって七カ所の橋が流失、道路は決壊し、交通は至る所で寸断されました。

　地形的には、中善地（現在の公民館付近）は車川から離れ、円礫を含む土石流堆積物でできている低位段丘の上にあるため、住宅の被害はありませんでしたが、川沿いの沖積地にある住宅は被害が甚大で、家屋の半壊、全壊、床上、床下浸水の被害に遭いました。榛名白川と合流する車川下流域も堤防決壊などで被害が大きい状況でした。

　海岸沿いの津波被害地では高台移転の対策がとられていますが、河川流域でも同様の何らかの対応が必要です。

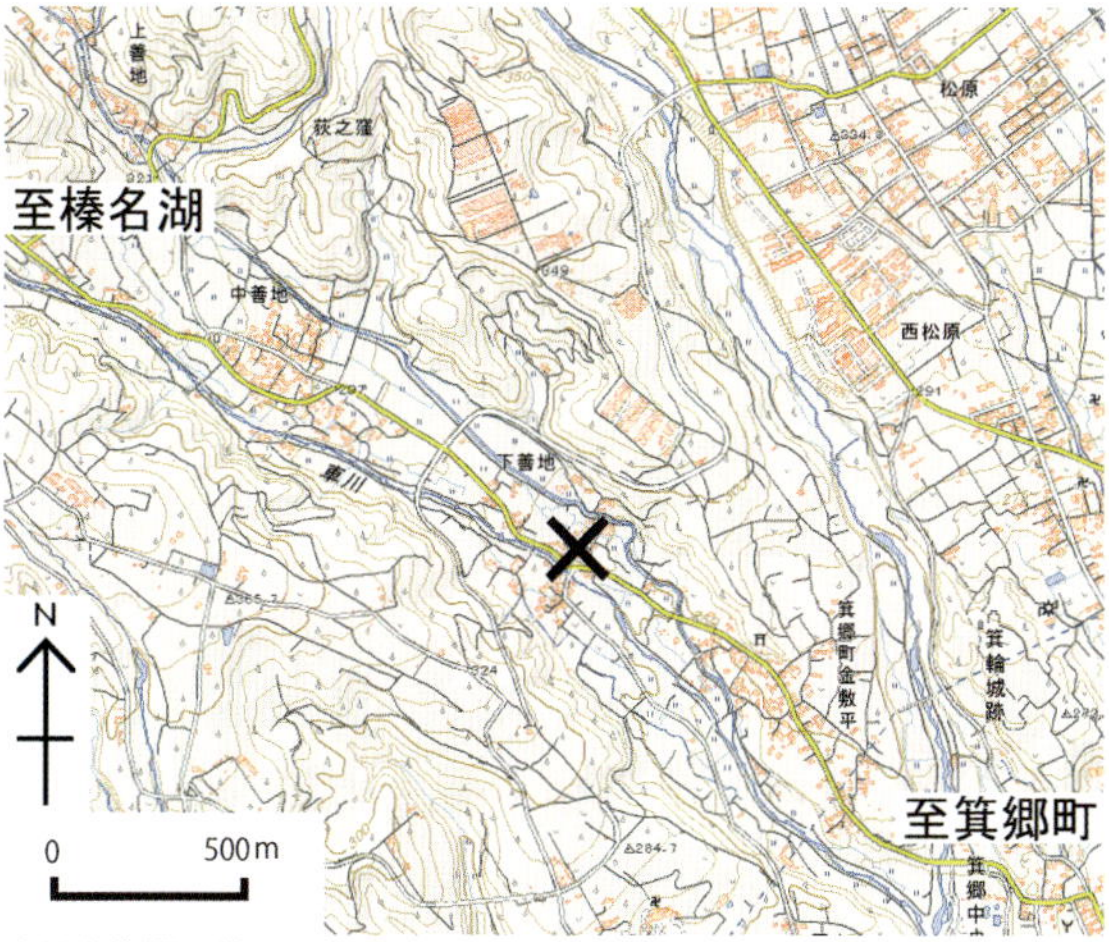

高崎市箕郷町善地の位置図　×印地点
「地理院地図（電子国土 web）に加筆」

■清水 直子／中島 啓治

4 榛名山を襲った集中豪雨

榛名山一帯で大被害発生

昭和六十三年（一九八八）八月二十九日夜から翌日早朝にかけての一晩で、榛名山には約二〇〇ミリ余の降雨がありました。この集中豪雨は斜面を流れ下り、榛名山の山体斜面から平地にかけての山林、林道、水田、橋脚などに大きな被害をもたらしました。山の斜面に植林された杉は、根を張りめぐらせていた土壌もろとも崩落し、谷底を埋めました。筆者が見た北麓では崩落した多数の杉の木が流されて、県道35号の橋の下を通過できず、上流側に積み重なっていました。また、崩落をまぬがれた杉林の林床一面に生えていた草は水流に押され、谷底に向かって地面に張りつけになっていました。

杉の木と土壌が崩落した跡に現れた地面は固く、杉の根が地盤の割れ目にわずかに残っていただけでした。ここでは、杉の根の張りが悪く、杉と土壌の重量を支え続

THE JOMO SHIMBUN　昭和63年（1988年）8月31日（水曜日）　第33614号

上毛新聞

榛名山周辺　豪雨被害さらに拡大

浸水289棟、2人けが

道路損壊は182カ所に

榛名山を中心とする県西北部は二十九日夜、記録的な集中豪雨に見舞われたが、三十日の調査で、被害はさらに拡大、二人が重軽傷を負ったほか浸水家屋が二百八十九棟、道路損壊は百八十二カ所に上り、大きなつめ跡を残した。県は農政部、土木部など関係各部が本格的な被害調査を開始したが、田畑の冠水による農作物への影響も心配されており冷夏に次ぐ豪雨被害に農家の表情は暗い。前橋地方気象台では、ここ数日は夕方、雷か雷雨の日が続くとしており県では「さらに土砂崩れなど警戒が必要」と注意を呼び掛けている。（関連記事16面）

土石流、車をのむ　吾妻町　榛名町

県消防防災課のまとめによると、二十九日夜から三十日未明にかけての豪雨被害は、榛名山を中心とする北群馬郡小野上村から安中市にかけての西北部一帯に及んだ。

この豪雨のため二十九日夜、北群馬郡小野上村小野子で、雨水の流入を食い止める作業をしていた主婦が右腕をねん挫し一カ月の重傷を負ったほか、吾妻郡吾妻町川戸で、自宅前の側溝掃除をしていた人が側溝に転落、近くの人に救助されたが、約四十メートル流され手などに軽傷を負った。

同町川戸の自然教育公園駐車場では、キャンプに来ていた神奈川県平塚市の公務員の乗用車が土石流のため川に流された。また、榛名山・榛名高原学校近くで、三人が乗った乗用車が同じく土石流に流され、崩に転落したが、三人は自力で脱出した。

8・29豪雨被害

負傷者	2人
住宅全壊	1棟
住宅半壊	1棟
床上浸水	22棟
床下浸水	267棟
公共建物被害	5棟
非住家建物被害	7棟
道路損壊	182カ所
橋りょう損壊	6カ所
河川損壊	155カ所
がけくずれ	26カ所
土砂くずれ	19カ所
自動車被害	4台
り災世帯数	24世帯
り災者数	81人

（県消防防災課調べ）

土砂とともに流され道路をふさいだ防護壁＝吾妻郡東村箱島

豪雨被害を報じる8月31日付の上毛新聞

けることができなかったのです。さらに、崩落した杉材と土砂は林道を埋め、ガードレールを道路下に一五《メートル》ほど押し流しました。

一方、榛名山から流れ出す川は増水し、住民の生活に必要な田畑や住宅などを襲いました。川は直進する癖がありますから、川の曲がり角の壁を直撃して、土手や石垣を崩し、その先の田畑や住宅などの建物を壊していきました。川の曲がり角で、水流がぶつかる土手や崖を攻撃斜面と呼びます。

橋脚の下の沢底が濁流に洗われ陥没して落ちた橋
手前の白いものは裏側を抉られたコンクリート製の護岸

平地でも、川の増水による被害が出ました。東吾妻町を北北東に流れる泉沢川に架かる、県道35号の橋では、路面に大きな穴ができました。穴はコンクリート壁で囲まれた箱型の橋脚の真上でした。川の水流が速かったために、河床の礫を運び去り、さらに橋脚の底の礫まで流し去ってしまったために、橋脚の中の詰め石も流され、その上部の路面も含めて陥没して穴ができたのでした。

集中豪雨をなくすことは、今日の科学では不可能です。当面は洪水を予想した土手、堤防、橋脚づくりが必要です。

■野村 哲

5 高崎市　根小屋七沢の天井川

土石流との闘いの証

高崎市の観音山丘陵は正式には岩野谷丘陵といい、碓氷川の谷を越えて、安中市北方の秋間丘陵へと続きます。その直線的な境界線の北東側には平坦な地形が広がり、すぐ近くを烏川が流れています。前橋方面から見ると、この丘陵は平野から急に立ち上がっている様子がよく分かります。この地形の東側急斜面の直下に深谷断層が並行しています。

この境界線に沿って、高崎市と藤岡市を結ぶ県道30号寺尾藤岡線が通っています。高崎市寺尾町から、根小屋町、山名町を経て藤岡市へ至ります。この区間の道路は、緩やかな上り坂と下り坂が繰り返しており、奇妙なことに上り坂の頂上には橋が架かっています。

それは、南西側の丘陵地から流れ出る小河川(沢)の部分が、周囲の平坦面に比べて高くなっているからです。この高まりを造ったのは、古くからのこの地域で生活してきた農民たち

太夫沢(左)に向かう坂道　手前の水田は水平

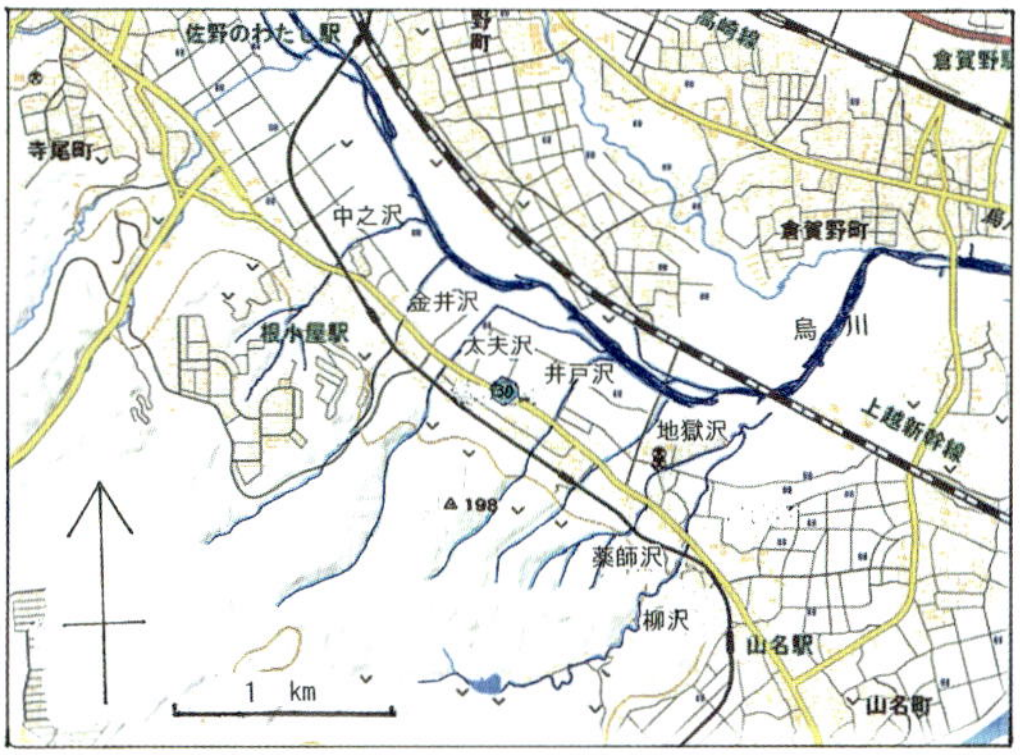

地理院地図：電子国土webに加筆
根小屋七沢の地図

で、大雨のたびに発生する土石流から農耕地を守る努力の証しなのです。傾斜の大きい丘陵を流れる川は速く流れるので、浸食が盛んで強い運搬力を持っています。大雨が降ると、浸食された土砂が土石流となって沢を流れ下ります。平坦な低地に出た川は流れが遅くなるために、運搬力を急激に落として大量の土砂を堆積してしまいます。次の土石流は積もった土砂を避けて流れを変えます。土石流が広がると低い農地をおおってしまいますので、農地を土石流から守るために大雨の中でも桑の枝を積み重ねて堤防を高くし、川の流れが変わるのを防いできたのです。流れが収まると川底に積もった土砂を掻《か》き上げて堤防を高くし続けたので、堤防も川底も高くなって、周囲の農耕地に比べて高くなった天井川ができるのです。

二〇〇〇年ごろまでは、井戸沢が県道の上を流れる水路橋が架かっていました。

この地域の天井川は、北から中ツ沢、金井沢、太夫沢、井戸沢、地獄沢、薬師沢、柳沢の七沢を合わせて「根小屋七沢、暴れ沢」と言い伝えて、災害への警鐘を鳴らし続けてきたのです。

■山岸 勝治

6 利根川に悩まされ続けた前橋城

河川の浸食に負けた城主たち

室町時代ごろまでの利根川は、今の広瀬川一帯を玉村方面へ向かって流れていました。現在の流路に変わったのは戦国末期の天文年間（一五三二～一五五五）のことで、幾度かの大洪水で、現在の群馬県庁の西側をほぼ南方向に流れるようになりました。

「関東の華」と称された前橋城は、古くは厩橋《うまやばし》城と呼ばれ、現在の群馬県庁の地に長野氏によって延徳年間（一四八九～一五九二）に築城されました。背後に利根川が流れていることで城の守りには絶好な場所でしたが、一方で前橋城は利根川に悩まされ続けてきました。洪水が起こるたびに前橋城本丸の基盤の崖が浸食され、倒壊の危険にさらされたからです。

崖の浸食をくい止めるべく、元禄十五年（一七〇二）と正徳四年（一七一四）の二度にわたって流路変更の工事が行われましたが、いずれもほとんど効果はありませんでした。藩主は本丸をあきらめて三の丸（現在の前橋地方裁判所）に御殿を移す計画を立てましした

群馬県庁32階から北西方向に見える現在の利根川

最も浸食が進んだ頃の前橋城の絵図(寒河江淑子氏所蔵)

が、財政難にあって実現しませんでした。相次ぐ利根川の浸食に耐えきれなくなって、とうとう藩主の酒井氏は、寛延二年(一七四九)に姫路藩に移ってしまいました。

新藩主となった松平氏も前橋入封までに一〇度の転封を経験して財政が乏しくなっていて、本丸の移築は何とかできたものの、城を修築するだけの力はすでにありませんでした。

相変わらず利根川の浸食は進むばかりで、城郭の破壊はとどまることなく、天守は倒壊の危険にさらされ、櫓は失われるといったありさまでした。

その修復に苦しんだ松平氏は、幕府に願い出て明和四年(一七六七)川越城へ移城してしまいました。

このように「坂東太郎」の異名を持つ利根川は二代にわたって前橋城の藩主を城放棄に追いやるほどの暴れ川ぶりを発揮していました。

本丸跡地に立っているのが現在の群馬県庁本庁舎です。三二階展望ホールに上って、眼下の利根川を見下し、利根川と前橋城の歴史に思いをはせてみるのも良いでしょう。

■宮崎 重雄

7 近世の前橋付近の利根川流路移動

流路移動の原因

氷河時代からの前橋台地を削り込んだ先行谷から古い小河川（旧染谷川・旧滝川・旧端気川）が形成され、その小河川と旧利根川との河川の争奪（流路変化）が起こりました。前橋市水道局による敷島のボーリング柱状図で、地下八〇メートルまで砂利であることから、桃木川、広瀬川への流路変化の分岐点はこの付近にあったと考えられます。

旧小河川は、午王頭川を本流、吉岡川、八幡川を支流とするような小河川であったでしょう。西片貝の大塚古墳は広瀬川低地帯の自然堤防上にあることから、古墳が造られた時期には旧利根川流路が桃木川から広瀬川へ移動していたことが推察されます。

赤城白川の扇状地堆積物の埋積で谷底が上昇し桃木川は北側から狭まっており、洪水時には土砂を下流に一気に押し流すことが徐々に難しくなってきていました。

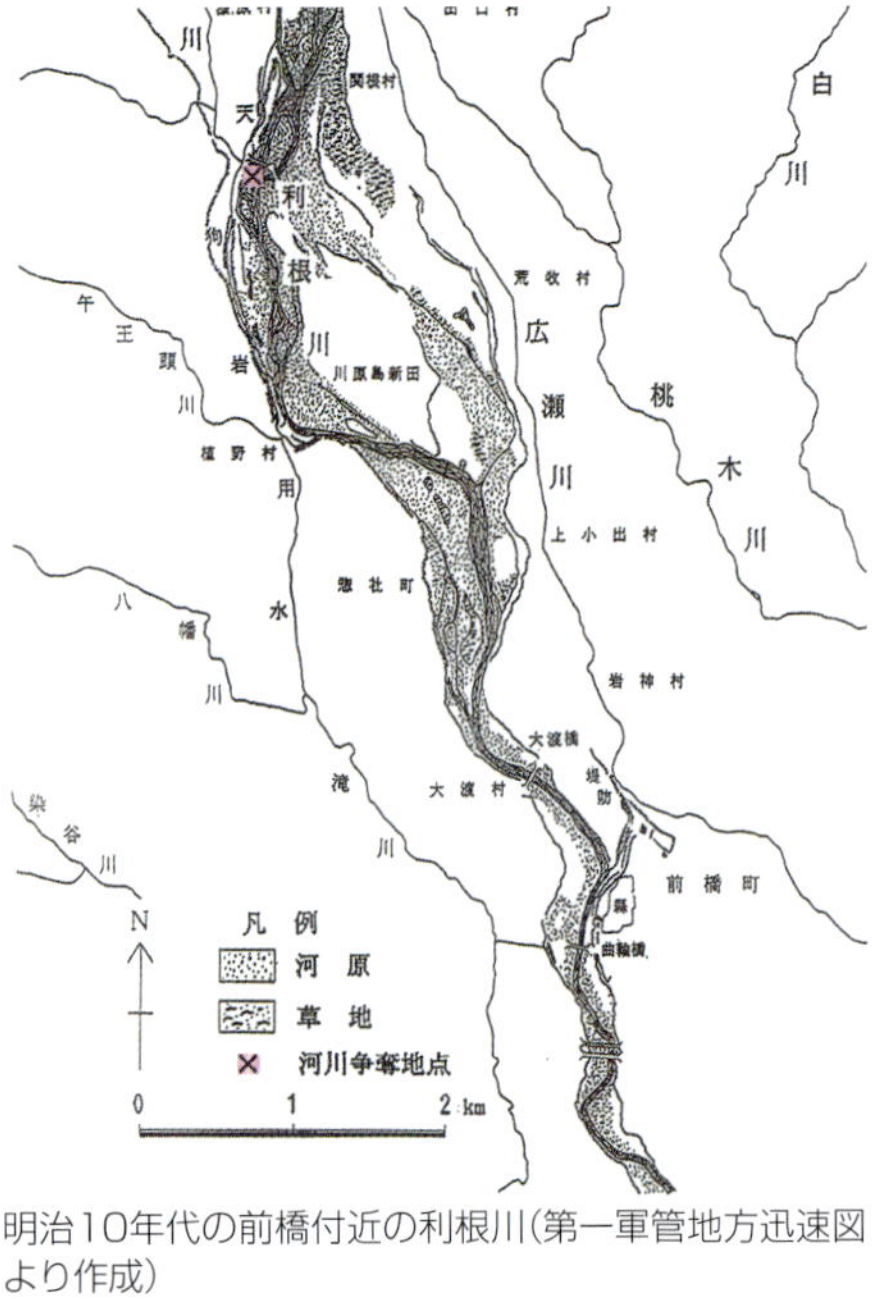

明治10年代の前橋付近の利根川（第一軍管地方迅速図より作成）

「享禄四年（一五三一）一月大雪の後に浅間山の噴火、続く大雨と融雪で焼石を押し出し、麓の村々多く跡方なく流れ、其後街道不通路になり四年の間普請にかかった」という記録（天明信上変異記・浅間山爆発史集）があります。

一六世紀は、日本各地で洪水の被害記録が多い時代です。天文八年（一五三九）関東大洪水・天文二十二年（一五五三）関東大風の記録『躍進群馬県誌』があります。浅間山の噴出物で河床が上昇していたために、洪水時には滝川に源を発し現在の利根川付近を流下していた河川の谷に利根川の流れが横溢《おういつ》を繰り返し、江戸時代に開削された滝川用水（天狗岩用水）の流路へ接続されたのではと考えられます。

虎姫観音堂（前橋市大手町）

県庁の西側の利根川の崖、道路際に虎姫観音堂があります。ここは古文書によると、当時は前橋城の中です。昔の本丸はもっと西側（利根川の中ほど）にあったそうですが、度重なる水害で崩れてしまいました。何度も修復をしましたが、明和四年（一七六七）には前橋城は放棄されて壊されました。度重なる水害が非業の死を遂げた御殿女中「お虎」のたたりのためであると考えた人々が、この観音堂を供養のために建てたのです。

■中島 啓治

8 利根川の洪水を減らせ　七分川と三分川

度重なる流路の変遷

利根川は渋川市を過ぎ、前橋市南橘町の橘山付近までの流路はほとんど変化がありませんでしたが、これより下流で著しい変流や乱流を繰り返してきました。一六世紀の天文年代(一五三二～一五五五)以前の利根川の主流は現在の広瀬川筋を流れ、駒形、伊勢崎、境を経て、伊勢崎市境平塚で烏川と合流していました。

桃木川は赤城山南面の河川を水源にしているように思われますが、広瀬川と同じように利根川から分流している川で、中流は白川の旧河道を流れ、前橋市石関、女屋を経て駒形町の北で広瀬川に合流しています。二万四〇〇〇年前に前橋泥流が堆積する以前の前橋台地は利根川がつくった広大な扇状地でしたから、利根川が盛んに流路変更するのは自然の成り行きだったのです。

前橋から玉村町五料(旧芝根村沼之上)に至る流路は上述の天文時代の洪水によってできた河道で、沼之上付近は小規模の乱流を行ってきました。

上武大橋東方の七分川の跡

七分川は天和元年（一六八一）、沼之上から八町河原の間の流路が埋没したために新たに北側にできた河道です。芝町から下福島、冨塚、長沼、東飯島、国領などの村々を流れて境平塚で烏川を合流していました。

その後、宝永二年（一七〇五）に廃川になっていた沼之上と八町河原の間に水路を開さくして再び利根川の幹川にしました。しかし武蔵国側（現埼玉県）が水害を被ることが多いので争論が起こり官に訴えて、享保七年（一七二二）に公裁を受け、沼之上から八町河原の水路には三割を流し、芝町から平塚にいたる水路に七割を流すという制限を加えたので、前者を三分川、後者を七分川と呼ぶようになりました。ところが天明三年（一七八三）の浅間火山の噴火のとき七分川は埋まって三分川が幹川になりました。

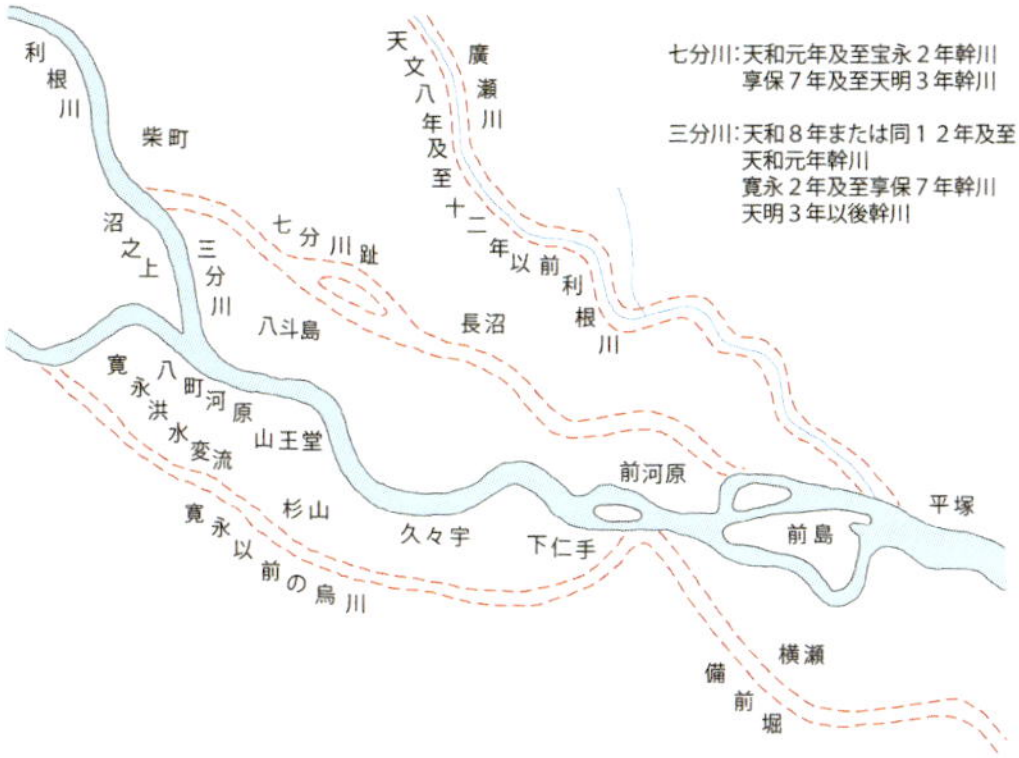

七分川と三分川の位置（利根川治水史より）

八町河原から葛和田（熊谷市）の間は幅一～三キロの間、両岸ともにあるときはより北に、北にあるときはより南を流れ、利根川は激しい乱流を繰り返したところです。境島村での乱流ぶりは詳しい記録が残っています。（次項参照）

河川の水は農業用水として重要な役割を果たします。流路変更で水がなくなるのは困りますが、度重なる水害に襲われるのも困りますので、治水は政治の基本の一つなのです。

■中島 啓治

9 利根川の氾濫と闘った人々

境島村の絹産業遺産

シルク(絹)はカイコの繭《まゆ》から作られます。品質の高いシルクをとるには優良なカイコの卵(蚕種《さんしゅ》)が必要です。優良蚕種を生産する技術を、世界に先駆けて開発した人が田島弥平です。弥平の飼育技術は「清涼育《せいりょういく》」で、空気循環をよくするために屋根の上に「やぐら」をのせた総二階の建物の中でカイコを飼育し、優良蚕種を生産するものです。

かつての境島小学校の校庭にある明治三十二年(一八九九)建立の島村沿革碑には次のように刻まれています。「二〇〇年間に一六回の利根川の氾濫があり、島村の形はフグの形に似ている」「洪水によって運ばれた土が桑の木を育てるのに適し、人々は競ってカイコを飼った」とあります。利根川治水史(栗原良輔著)には、当時の利根川の様子が次のように記されています。「島村における利根川の流路変更は、寛永年間から明治十六年までの二〇〇年間に実に一一變《へん》の多きに及んでいる。寛永年間には川が島村の南を流れていたが、

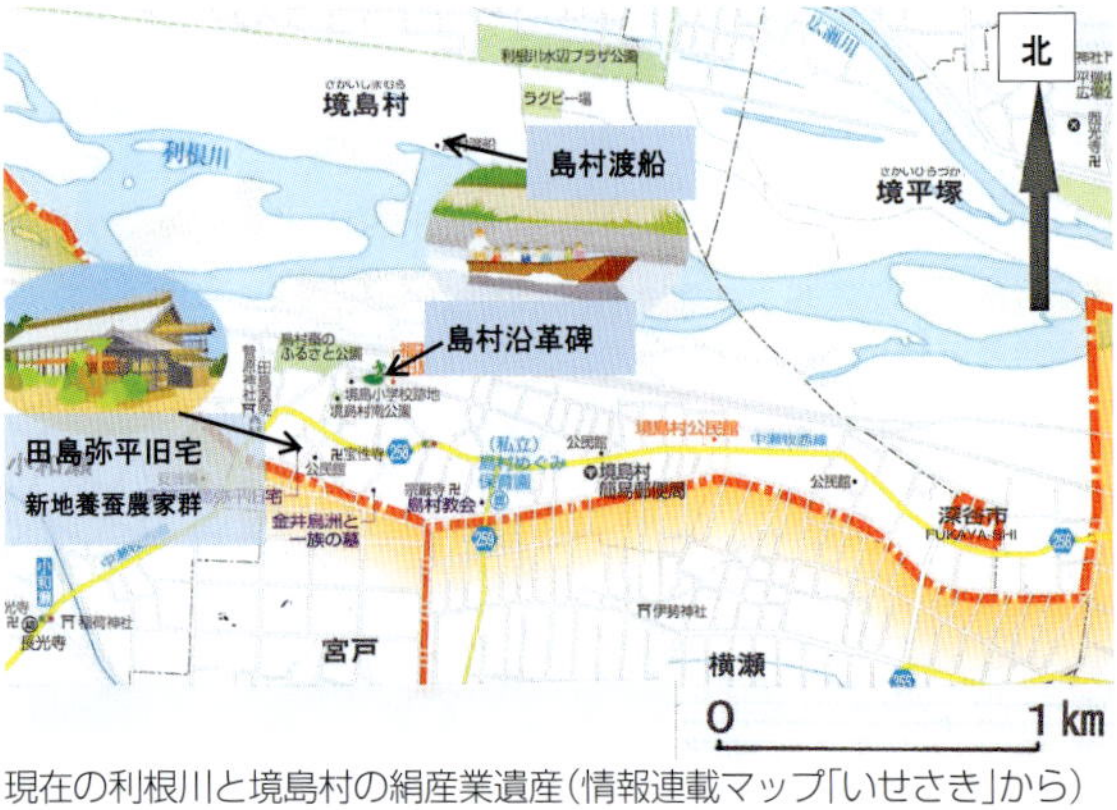

現在の利根川と境島村の絹産業遺産(情報連載マップ「いせさき」から)

安永年間には村を中断していた。明治一六年には、村を中断する二条の流れの間に、また派流《はりゅう》が中断するという乱流ぶりであった」とあります。洪水のたびに流路が変わった利根川の流れが、島村の人々を苦しめていたことは間違いありません。利根川の砂礫地と洪水という悪条件を逆に利用して、桑を育てカイコを飼育する養蚕は島村にはなくてはならない産業として、この村で発展したのです。

新地地区養蚕農家群の中に「浅間石」と呼ばれる黒い溶岩礫を積み重ねた塀があります。浅間石は天明三年の浅間山大噴火で発生した利根川の大洪水に運ばれ流れ着きました。今でも畑の端に浅間石を見つけることができます。

養蚕農家の屋敷を囲む浅間石の塀　新地地区

島村見本桑園では、最近はすっかり見かけなくなった桑畑を見学できます。

境島村の絹産業遺産は、優れたカイコの飼育技術を発展させた産業史上の貴重な建物と、例年のように襲ってくる洪水が、カイコに無害な歩桑《ぶぐわ》（原蚕種飼育用の桑）を育て、風通しの良い河川の沿岸が養蚕に適していたので、養蚕を興し日本三大蚕種地にまで育て上げた、島村のたくましい人々です。

■矢島　祐介

コラム5

雷の直撃の威力を見る

群馬県は雷の被害の多い地域です。雷は発達した積乱雲上部の氷の雲の中で静電気が発生し、たまった電気が放電して雷になります。夏になると太平洋高気圧から熱く湿った南風が流れ込み、群馬県の山の斜面で押し上げられて強い上昇気流を生み、積乱雲を発達させます。雷の発生は夏に多いのですが、寒冷前線通過など積乱雲が発達する条件が整えば季節を問わず発生しますので、雪が降りながら雷が鳴ることがあります。

写真は前橋市内で雷の直撃を受けた直後の樹木の例です。樹木の幹は電気抵抗が大きいので、発熱し、細胞の中にあった水分が一瞬のうちに水蒸気になって体積が膨張したため、電流の通り道になった幹で破裂が起こったのです。その破壊力の大きさを見たとき、樹木の代わりに人間の体だったら大変なことだと分かります。

雷の直撃を受ければ生命の危険がありますので、近くに建物があればそこに逃げ込んでください。軒先で夕立を避けることがありますが、中に入れてもらった方が安全です。大きな建物には避雷針が装備されることが多く、避雷針の保護範囲にいれば安全です。金属で囲まれた環境、たとえば自動車の中などは安全なので、あわてて外に出ないことも大切です。

この例のように大きな木の下での雨宿りは、木に落ちた雷が人体にも飛んでくることがありますので、やめましょう。

雷の直撃を受けたニセアカシアの木
1992年5月　前橋市荒牧町にて撮影

（野村 哲）

第5章　群馬の台風被害

1 明治四十三年（1910）の水害

明治後期最大の大洪水

明治四十三年（一九一〇）八月六日にルソン島の東海上に台風が発生しました。那覇に豪雨を降らせてから十一日に房総沖に抜けるまで、停滞する梅雨前線を刺激し続けたので関東地方は連日雨で、台風の接近と共に豪雨となりました。そのため、関東一円は天明三年（一七八三）以来の歴史的な大水害になりました。

さらに別の台風が、十三日の夜、沼津付近に上陸し群馬県西部を通過しました。県内の雨は七日未明の雷雨から始まり、十一日にいったん止みましたが、十二日夜再び降り始めて十四日夜まで続きました。

強風は後から上陸した台風によるもので、十三日から十四日にかけて吹きました。

このときの被害は、死者二八四人、負傷者一四二人、行方不明二二人と、家屋の被害も多数に上り、二〇三九カ所の橋

明治43年大水害：写真でみる群馬1982
下中森、大輪入会地の利根川堤防決壊修理

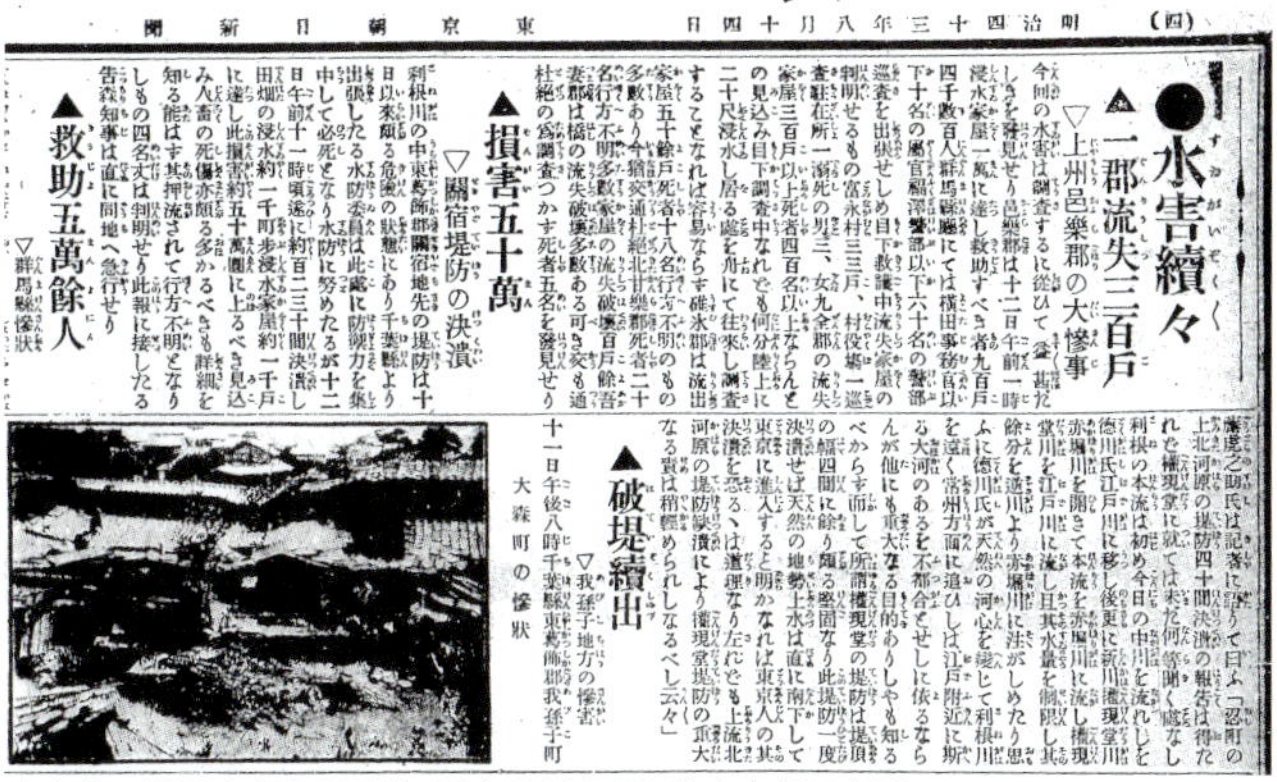
（四） 明治四十三年八月十四日 東京朝日新聞

●水害續々

▲一郡流失三百戸

▽上州邑樂郡の大慘事

今回の水害は調査するに從ひて益甚だしきを發見せり邑樂郡は十二日午前一時浸水家屋一萬に達し救助すべき者九百戸四千數百人群馬縣廳にては横田事務官以下十名の屬官福澤警部以下六十名の警部巡査を出張せしめ目下救護中流失家屋の判明せるもの富永村三三戸、村役場一巡查駐在所一溺死の男三、女九全郡の流失家屋三百戸以上死者四百名以上ならんとの見込み目下調査中なれども何分陸上に二十尺浸水し居る處を舟にて往來し調査することなれば容易ならず碓氷郡は流出家屋五十餘戸死者十八名行方不明のもの多數あり今猶交通杜絶北甘樂郡死者二十名行方不明多數家屋の流失破壞百戸餘吾妻郡は橋の流失破壞多數ある可く交通も杜絶の爲調査つかず死者五名を發見せり

▲損害五十萬

▽關宿堤防の決潰

利根川の中東葛飾郡關宿地先の堤防は十日以來頗る危險の狀態にあり千葉縣より出張したる水防委員は此處に防禦力を集中して必死となり水防に努めたるが十二日午前十一時頃遂に約百二三十間決潰し田畑の浸水約一千町歩浸水家屋約一千戸に達し此損害約五十萬圓に上るべき見込み人畜の死傷亦頗る多かるべきも詳細を知る能はず其押流されて行方不明となりしもの四名丈は判明せり此報に接したる告森知事は直に同地へ急行せり

▲救助五萬餘人

▽群馬縣慘狀

[illegible]虎之助氏は記者に語りて曰ふ「忍町の上北河原の堤防四十間決潰の報告は得たれど權現堂に就ては未だ何等聞く處なし利根の本流は初め今日の中川を流れしを徳川氏江戸川に移し後更に新川權現堂川赤堀川を開きて本流を赤堀川に流し權現堂川を江戸川に流し且其水量を制限し其餘分を逆川より赤堀川に注がしめたり思ふに徳川氏が天然の河心を變じて利根川を遠く常州方面に追ひしは江戸附近に斯る大河のあるを不都合とせしに依るならんが他にも重大なる目的ありしやも知るべからず而して所謂權現堂の堤防は堤頂の幅四間に餘り頗る堅固なり此堤防一度決潰せば天然の地勢上水は直に南下して東京に進入すると明かなれば東京人の其決潰を恐るゝは道理なり左れども上流北河原の堤防缺潰により權現堂堤防の重大なる責は稍輕められしなるべし云々」

▲破堤續出

▽我孫子地方の慘害

十一日午後八時千葉縣東葛飾郡我孫子町

大森町の慘狀

大水害の様子を伝える明治43年8月14日付東京朝日新聞

も流されました。群馬郡では豪雨のため一八万町歩の耕地が水浸しになり、当時の価額で二四〇〇万円（現在の四八〇億円相当）の損害になりました。邑楽郡では堤防の決壊が利根川筋で五カ所、渡良瀬川筋四カ所、その他支流で一〇数カ所で起き、浸水面積が郡の八割弱に達し、一面の泥海になりました。館林町は全部水中に沈み、舟で行き来するほどになりました。長野村（現高崎市）では白川が氾濫し、死者一人の他、家屋や田・畑流失など、罹災者五六〇人に上りました。

現在は前橋市になっている総社町では利根川が増水し総社橋が落ち、前橋との交通が杜絶し、さらに洪水は天狗岩用水の水門をこわし、下流数百町歩にわたる農地に損害を与えました。中川村（現高崎市）誌には吾妻川、烏川、白川などが大氾濫し、ことに烏川における被害がもっとも甚しく、沿岸の流失家屋一一五戸、浸水一四余戸とあります。

『群馬県史通史編』（一九九一）には、「明治後期に本県は数度の大洪水に見舞われたが、その最大のものが、四三年八月の大洪水であった。（中略）一ヶ月後に前橋市で**連合共進会**を予定していたがこの被害のため、見合わせの意見が出たが、災害に打ちひしがれた県民の心気を回復するため開催に踏み切った経緯がある」とあります。

■中島 啓治

2 昭和十年の台風の風水害

昭和10年9月24～26日の台風

昭和十年（一九三五）の風水害については、『群馬県気象災害史』や『群馬県史通史編7』に記録があります。

昭和十年は八月から雨の日が多く低温の日が続いていました。九月に入ってからもまったく晴天の日がなく、降り続いた雨で各河川は増水していました。九月二十一日ごろから秋雨前線が停滞するようになったところに四国沖に低気圧が発生して連日の雨になりました。そこへ九州宮崎付近にあった台風が日向灘を北上し、急に向きを北東に変え、四国に上陸した後、二十五日には日本海に抜けました。また、二十六日には別の台風が千葉県の銚子沖を通過しました。これらの台風の刺激

県内の降水量（国土交通省関東地方整備局「とねさぼう」から）

を受けた前線は発達し、関東地方一帯に豪雨を降らせ、洪水を発生させました。特に利根川上流にあたる群馬県では雷雨が激しく、集中豪雨になりました。二十四日には赤城山南麓の鼻毛石で日量二〇五ミリ降り、二十五日になると高崎市倉渕町三ノ倉で三〇九ミリ、安中市で二三六ミリ、万場で二一四ミリなど西毛地方の山間部に豪雨が降りました。そのため、烏川や碓氷川は大増水し、とくに崩れやすい火山性の地盤が広がる烏川流域では、至る所で土石流や山崩れが発生しました。

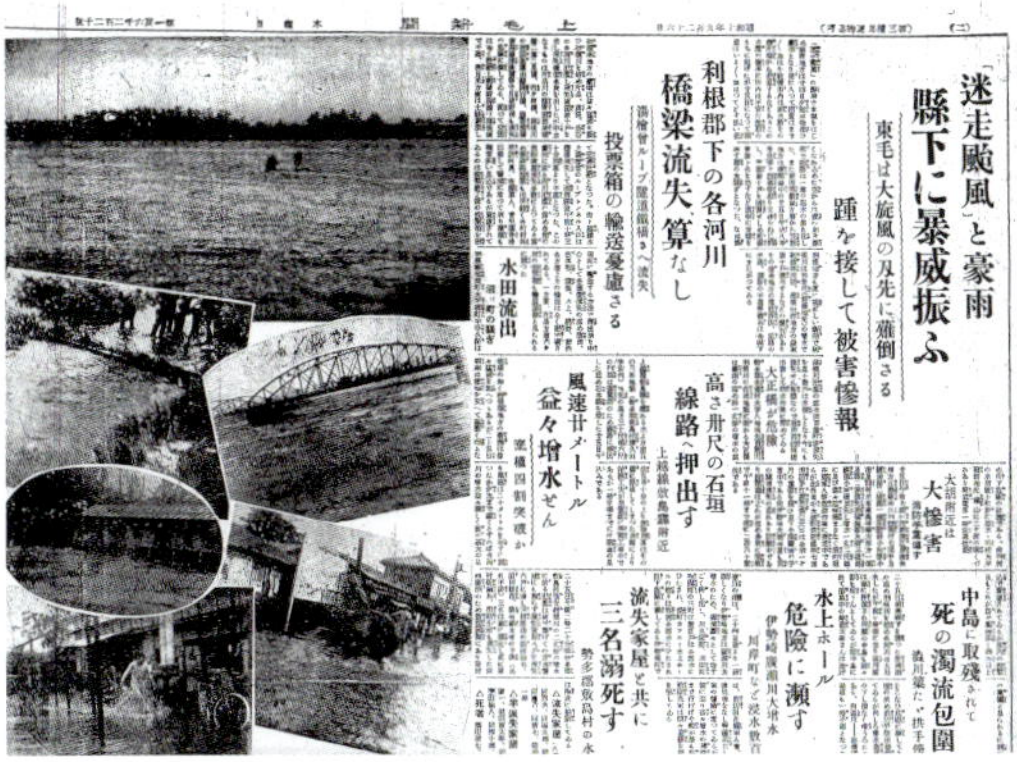

昭和10年9月26日付上毛新聞

このときの被害は、死者二一八人、負傷者一九〇人、行方不明者三九人、家屋全壊四六七戸、家屋半壊四六〇戸、家屋流出八五九戸、床上浸水四〇一一戸、床下浸水一万三三二〇戸と、明治四十三年水害に匹敵する大災害になりました。中でも、碓氷川と烏川が合流する高崎市では大洪水になりました。

前年の昭和九年には冷害による米の大減収があり、翌十年になると、たびたびの霜雹害のため繭の収穫量が減少していたので、農家は大打撃を受けました。

群馬県は約七〇パーセントが山地で、昭和十年の豪雨にとどまらず山間部の局地的な豪雨で甚大な被害に遭ってきました。

近年は地球温暖化の影響で大きな台風の発生も予想されています。これからは過去の災害に学びながら、油断することなく準備することが大切です。

■中島 啓治

3 カスリーン台風　沼尾川の大山津波に学ぶ

土地の古老が語る経験則

昭和二十二年（一九四七）のカスリーン台風は、第２次世界大戦の傷も癒えない群馬県民に大打撃を与えました。紀伊半島南方海上から北東へ進み、房総半島をかすめて去った台風で降水量が多く、今までに例を見ない大水害を引き起こしました。前橋の日降水量三五七・四ミリは累年最大でした。

九月九日から続いた大雨が、戦中の乱伐によって保水力が著しく衰えていた山腹の地盤を軟弱にしていた矢先、カスリーン台風が、赤城山を中心とした地域に七〇〇ミリを超す集中豪雨を浴びせました。

朝から夜の八時近くまで、間断なく降り続いた豪雨で飽和状態となって保水力を失った山腹が午後二時ごろ一気に崩壊し、各所で山麓の放射谷を流下しました。旧敷島村域（渋川市赤城町）では、沼尾川、天竜川に山津波が起こり、また利根川に溢水《いっすい》が起こって、敷島村では、死亡者（含行方不明）八三人、

渋川市赤城町の沼尾川沿いにある慰霊碑

流失家屋（含全壊）一七一戸、横野村では、死亡者（同前）一五人、流失家屋（同前）一七戸の大被害に遭いました。

『敷島村誌』には、「沼尾川は一面の泥水が黒煙を立てながら窪全体を覆い尽くして矢のように流下している、さかまく濁流は大石や根こぎの大木をひた押し流し、…」、「西方を見れば、南雲沢の集落は既に一呑みとなり、青年学校、県道沼尾橋等は影形もなく押し流され、校舎のあったと思われる辺りは沼尾川の本瀬となって、恐しい勢で奔下・・・」と記されています。

「あとがき」には、今回教えられたこととして「今度の被害を蒙った家は、大部分が其の集落の新宅とか、分家とか、又は近年建てられた家や、他から移住して来た人の家が多く、其の土地の旧家とか大本家とかは大体に於て無難であった。之を見ても昔の人達が長い経験や、言伝え等から最も安全の場所を選んで住んで居た事を如実に物語るものである」「今後の復興に当っては、其の川の過去に於ける歴史を調べ、更に土地の古老達の話も聞き、又良く実地を調べそれを参考として充分研究の上細心の注意を払うことが肝要と思う」と記されています。

こうしたことは現在にも通用する貴重な教訓です。

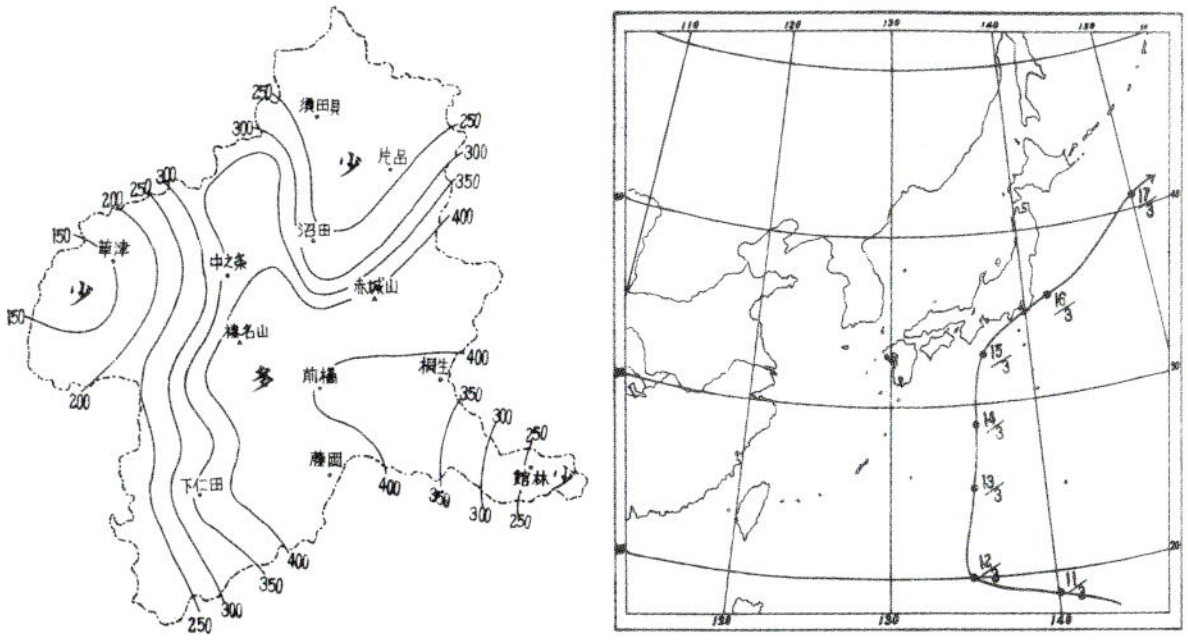

左図：降水量の分布　　右図：カスリーン台風の経路
群馬県気象災害史（日本気象協会前橋支部、1982）

■中島 啓治

4 カスリーン台風の猛威

明治以降最大の自然災害

　昭和二十二年（一九四七）九月八日、南太平洋マリアナ諸島の東方一〇〇〇キロの海上に弱い熱帯性低気圧が発生しました。九月十一日、マリアナ諸島西方五〇〇キロに台風を確認、カスリーン台風と命名されました。その後、発達しながら十二日に沖ノ鳥島辺りで急に北に向きを変えました。最盛期となり、その後勢力を弱めながら北東に向きを変え、東海道に向かって北上しました。そのまま北東に進み、十五日午前二時ごろ房総半島をかすめて三陸沖に去っていきました。

　上陸しなかったにもかかわらず、大災害をもたらしました。

　理由は、九月八日九時ごろから温暖前線が本州付近を横断して停滞し、各地に雨を降らせていました。そこに台風の接近により暖かな湿気が侵入し、十三日午前から各地は本格的な降雨となり、十四日夜半には前線は関東内陸部に入って停滞し、台風が房総半島をかすめて北東へ去った十五日夜半ま

利根川堤防決壊場所の記念碑（大利根町）

で降り続きました。

利根川流域では三日間の流域平均雨量が八斗島《やったじま》（伊勢崎市）上流で三一八ミリ、渡良瀬川藤岡（栃木県）上流で三一八ミリを記録しました。この大雨が関東地方に未曽有の大災害をもたらし、九月十六日埼玉県東村（大利根町）の利根川右岸堤防が決壊、濁流は関東平野を南下し、首都東京を水没させました。

群馬県では、各地で大洪水や河川の氾濫、堤防・道路・橋梁の流失決壊が起きました。赤城山周辺、勢多郡および利根郡の一部をはじめ、その下流に位置する前橋市、伊勢崎市、桐生市および佐波郡、新田郡、山田郡、邑楽郡は、未曽有の大水害となりました。根利《ねり》川の本支流にあたる利根村で一七人、沼尾川の赤城村で五八人、赤城白川の富士見村で一〇四人、荒砥《あらと》川の大胡町で七二人など、赤城山麓での犠牲者はカスリーン台風最大の犠牲者を数えました。

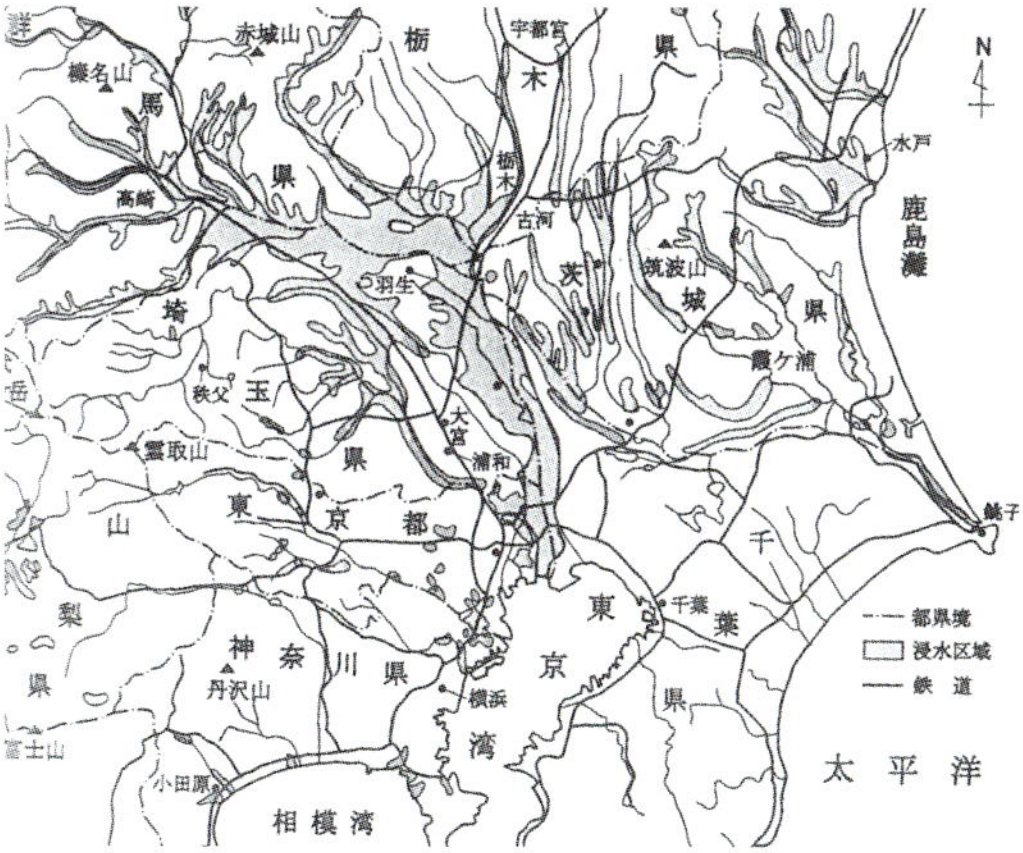

カスリーン台風浸水地域（埼玉新聞1997）

桐生市では渡良瀬川の赤岩堤防の決壊で人命と財産に多大な被害を与え、伊勢崎市では粕川、広瀬川の堤防が決壊して四〇人以上の犠牲者を出しました。

平成二十九年（二〇一七）にはカスリーン台風七〇年の記念行事が県内各地で開催され、その猛威を改めて確認し、今後の防災に生かす取り組みが行われています。

■中島 啓治

5 カスリーン台風　板倉町の大水害

群馬の穀倉地帯が一面の湖水に変貌

群馬県の東南部にある板倉町とその周辺は群馬の穀倉地帯と呼ばれています。水稲耕作に適した低湿地帯が広がっているためです。海抜が一三～一五メートルしかないところもあって、県内でも最も低い土地となっています。

この低湿地帯は周辺を台地や自然堤防に囲まれていることで、いったん冠水すると長期にわたって排水できず、昔から渡良瀬川や、利根川の氾濫による水害で悩まされてきました。中でも、昭和二十二年（一九四七）九月十五日に襲来したカスリーン台風の被害は甚大なものでした。

カスリーン台風は四〇〇ミリにも達する雨を降らし、各河川は増水し、渡良瀬川でも消防団などが警戒にあたっていました。九月十五日午後十一時三十分、水勢に耐えきれなくなった海老瀬村字道祖神地先（現板倉町）の堤防が八〇メートルに渡って決壊し、半鐘が乱打されるなか、さらに別の所で一六〇メートルにわたる決壊が発生しま

旧海老瀬村堤防決壊現場（広報いたくらNo.593　p16）

した。黄金の波打つはずであった稲田が一夜のうちに濁水の大湖沼に変わってしまいました。十六日の夜八時ごろには逆流水が館林付近まで押し寄せてきました。

こうして邑楽地方の耕地面積一万四〇〇〇町歩のうち七〇〇〇町歩が湖面と変わり、流失を免れた家でも、屋根を残す程度で、水に没してしまいました。一週間が経過しても、海老瀬村一帯では依然多くの家は沈んだままで、結局一カ月以上の大冠水となりました。

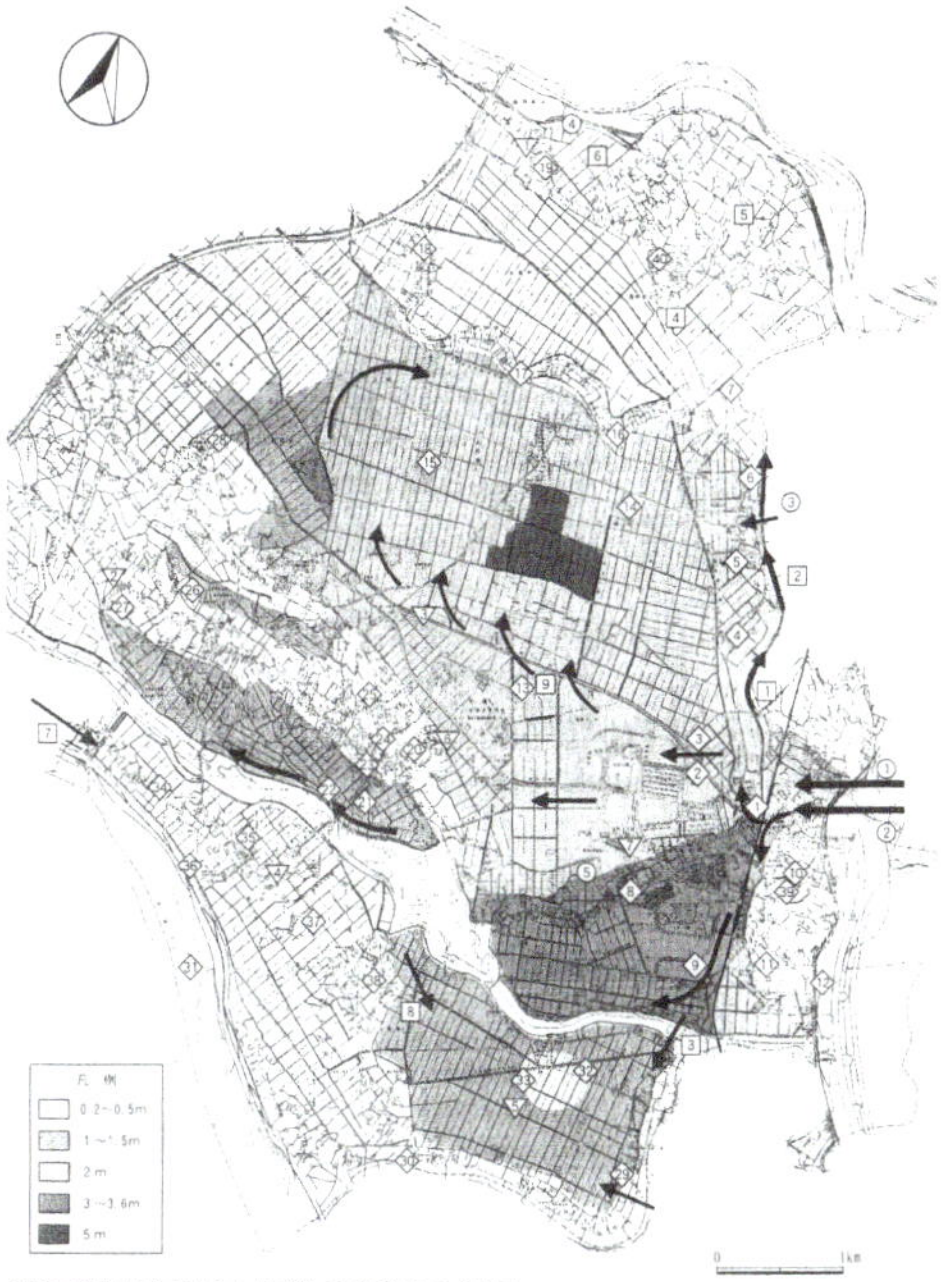

渡良瀬川堤防決壊後の濁流の流入
（水防建築「水塚」調査報告書、板倉町教育委員会）

カスリーン台風の時に、防災に大いに役立ったのが水塚でした。水塚とは水害に悩まされ続けてきた低地帯の人々が考案した水防建築で、屋敷の一角に数メートルの土盛りをし、食糧を備蓄し、いざ水害が発生した時には人、牛馬を避難させ家財道具などを持ち上げて、水害から守った施設です。ところが、その数が近年急速に減少しています。その必要性が薄らいでしまったからです。

カスリーン台風以降、ダム建設や堤防のかさ上げ・増強、大型の排水ポンプの設置など、水害対策が進み、以前ほど洪水の心配がなくなったことが大きいのでしょう。

■宮崎 重雄

6 2007年 台風9号による南牧村豪雨

孤立した山里の村

　群馬県は、台風による被害は比較的少ないと思われる人が多いのですが、例えば昭和二十二年（一九四七）のカスリーン台風では犠牲者五九二人を出し、甚大な被害を受けた記憶はまだ失せていません。

　平成十九年（二〇〇七）九月、久しぶりに群馬県を強襲した台風9号は、伊豆半島に上陸後、大雨を伴いながら、九月六日から七日の朝にかけて、群馬県西部の南牧村を襲いました。

　県道45号線沿いの南牧川の北側が豪雨に見舞われ、支流の大塩沢川が氾濫して道路を寸断しました。急峻な谷間地形の大塩沢地区や星尾地区が三日間にわたって孤立し、一時は二三一世帯、計五〇二人が孤立状態となりました。狭隘な地形のため他に道路はなく食料確保も容易にできません。群馬県としては急遽「激甚災害」に指定をするとともに、自衛隊も出動して救出に向かうなど大変な事態となったのです。

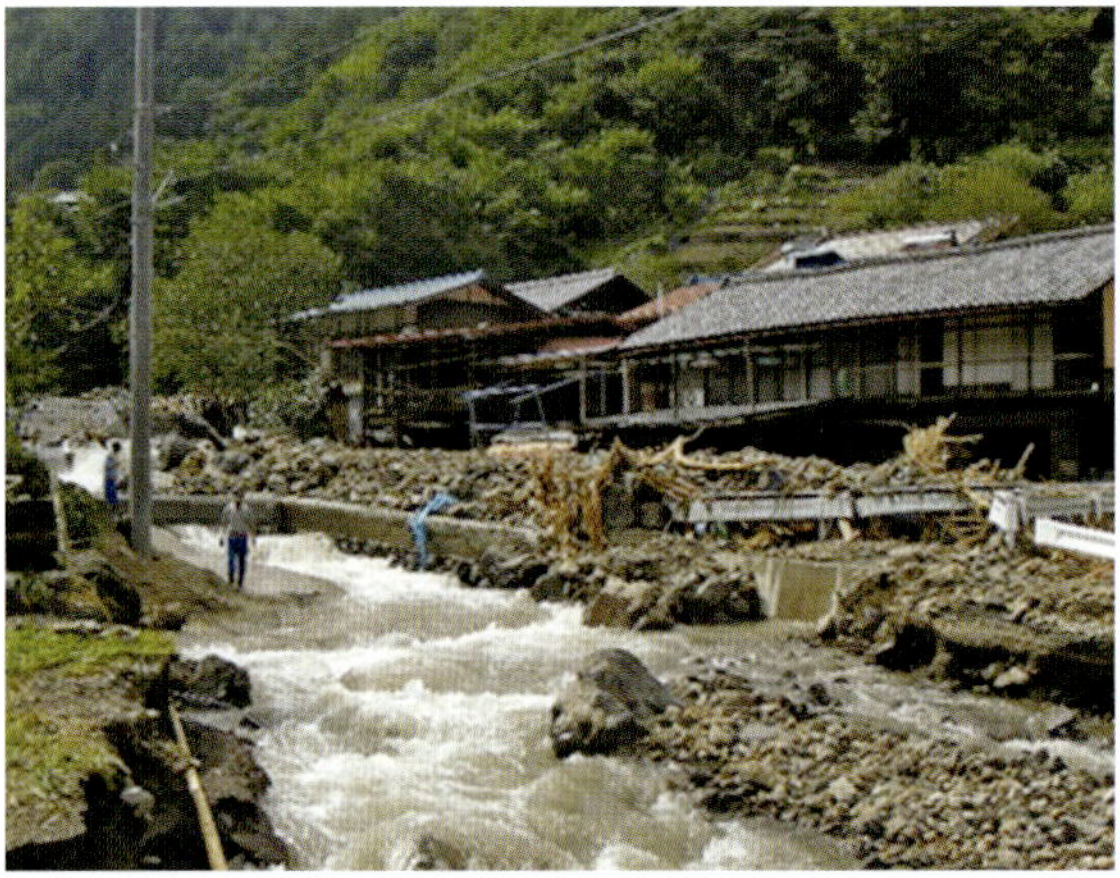

河川の氾濫による道路流失（南牧村役場提供）

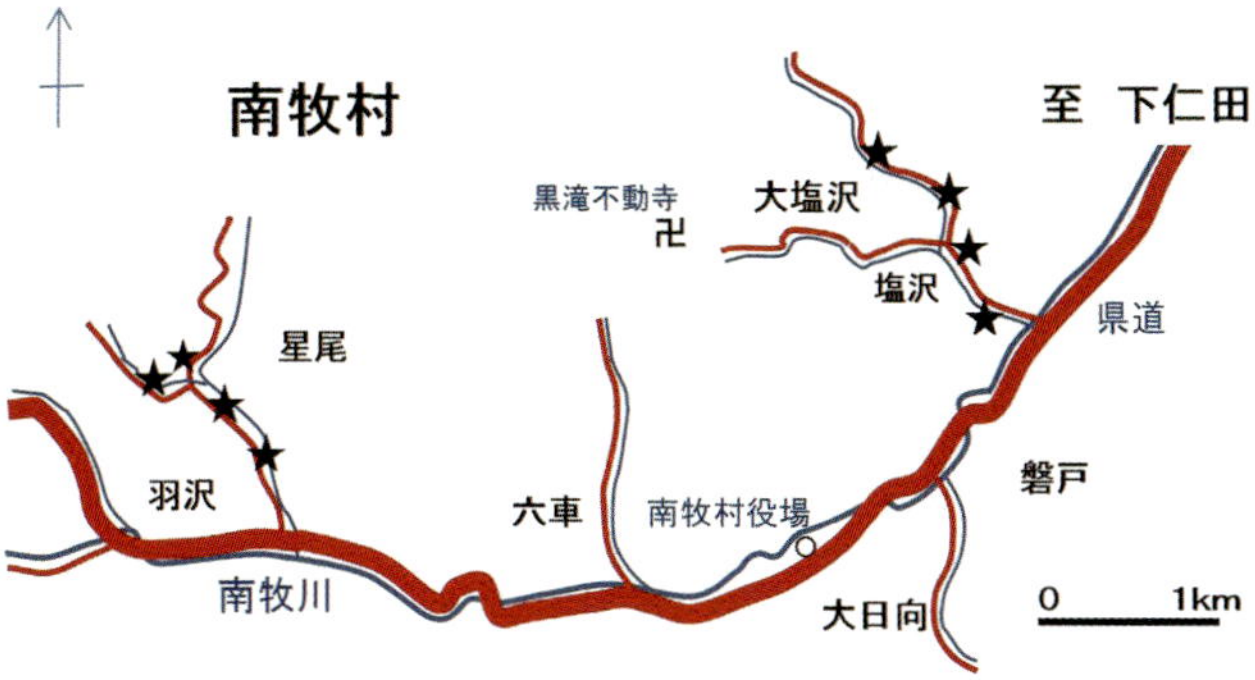

台風9号被災地（★印：道路などの損壊場所）

雨量は最大で五一二ミリを記録した、まれに見る局地的豪雨で、山からの土石流が至る所で川や道路に流れ込み、道路をえぐり遮断しました。この地域は硬い中古生層や火成岩類からなり、土壌層も薄くて保水能力にも劣る急峻地形であることから、雨水がドッと谷筋に流れ込んだのでしょう。

六日から降り始めた雨は深夜にいっそう激しさを増し、住民には避難を促したものの、南牧村は六五歳以上が約五五パーセントを占めるという全国一の高齢化社会であり、歩行困難な病弱者もいます。停電している深夜、大きな岩石がゴンゴンと打ち合い不気味な低音を響かせながらゴーゴーと流れる氾濫した川の近くの人は、さぞかし不気味で恐ろしい一夜だったに違いありません。

幸い南牧村では人的被害は軽微だったのですが、高齢化率の高い山間の集落では、日頃から避難道路・施設など避難体制を十分整えておく必要があるでしょう。

■桜井 洌

7 三つの地帯にまたがる水害

山地、丘陵、平野の三つの地帯

群馬県は、新潟県や長野県との県境に広がる山々が関東平野に向かって、あたかも両手を広げたように立ちはだかっています。また、河川は右手の手のひらの指のように、東から渡良瀬川、片品川、利根川、烏川、鏑川が利根川に集まってきます。このような地形的な特徴から、南北に向かって移動をする台風は大きな風水害の被害をもたらします。

台風のもたらす豪雨により急傾斜の河川は増水し、山崩れ、地すべりを誘発し、水害はより大きくなります。『躍進群馬縣誌』は、明治以前の群馬の代表的な四三の過去の水害を挙げています（左表）。これ以前は、記録がないので知る術がないということです。明治以降においても、水害の被害は続きます。

中でも、明治二十三年（一八九〇）八月の水害、明治四十三年（一九一〇）八月の台風の水害、昭和十年（一九三五）九月の台風の風水害、昭和十三年（一九三八）八月の台風の水害、昭

板倉町の水塚（坂田家）：大水時の避難小屋

建久元年	（一一九〇）	八月十七日	関東大風雨
建仁元年	（一二〇一）	八月十一日	関東大風雨
寛喜二年	（一二三〇）	九月八日	関東大風雨
正嘉二年	（一二五八）	八月五日	関東大風雨
徳治元年	（一三〇六）	九月十六日	武蔵洪水
建徳元年	（一三七〇）	八月二十	関東大風雷雨
天文八年	（一五三九）	八月十七日	関東大洪水
天文二十二年	（一五五三）	八月二十三日	関東大風雨
慶長七年	（一六〇二）	八月二十八日	関東風雨水
慶長九年	（一六〇四）	四月二十三日	関東大風雨水
慶長十九年	（一六一四）	八月二十八日	関東大風雨
元和五年	（一六一九）	八月十日	関東大風雨
寛永八年	（一六三一）	九月十八日	関東大風雨水
寛永十四年	（一六三七）	八月七日	関東大風雨水
承応元年	（一六五二）	八月二十九日	大風雨
明暦三年	（一六五七）	七月二十一日	江戸大風雨
同		九月二十二日	江戸大風雨
万治二年	（一六五九）	七月二日	関東大風雨水
万治三年	（一六六〇）	七月二十九日	関東大風雨水
同		八月二十日	同
寛文十一年	（一六七一）	八月二十七日	関東大風雨
延宝二年	（一六七四）	八月十六日	関東大雨洪水
延宝八年	（一六八〇）	七月	洪水
同	閏	八月二日	関東大風雨水
天和元年	（一六八一）	八月十一日	上野大風雨水
元禄十二年	（一六九九）	八月十五日	関東大風雨
宝永元年	（一七〇四）	八月四日	江戸並近国洪水
享保二年	（一七一七）	八月十五日	関東大風雨
享保十三年	（一七二八）	八月十三日	江戸大洪水
同		九月二日	関東大洪水
元文三年	（一七三八）	四月二十六日	上野国大洪水
寛保二年	（一七四二）	八月一日	上野国関東大風雨
宝暦七年	（一七五七）	七月	関東大洪水
天明三年	（一七八三）	六月十七日	関東大風雨
天明六年	（一七八六）	七月十二日	関東大風雨
		九月六日	同
		十月	関東大洪水
天保六年	（一八三五）	四月五日	上野国大風雨洪水
弘化三年	（一八四六）	六月十六日	関東大風雨
安政六年	（一八五九）	六月二十三日	上野国大洪水
同		七月二十一日	上野国大洪水
文久二年	（一八六二）	五月二十八日	上野国大洪水

明治時代以前の群馬県の大きな水害一覧

和十六年（一九四一）七月の台風の水害、そして昭和二十二年（一九四七）九月のカスリーン台風の風水害、昭和二十三年（一九四八）九月のアイオーン台風の水害、昭和二十四年（一九四九）九月のキティ台風の風水害は、群馬に大きな傷跡を残しました。

群馬の水害は、山地、丘陵、平野の三つの地帯にまたがるという特徴をもっています。

水害は年々繰り返され、この後も群馬を襲うのです。地球温暖化により、台風は今までの経験にない規模の大きさで予測を超えた風水害の甚大な被害をともなってくると思われます。

「備えあれば憂いなし」と言いますから、人の努力で防げるものは防ぎ、被害を少なくする準備を怠らないことです。

■中島 啓治

8 鉄道の橋脚を動かした台風15号

1981年8月23日利根川大増水

昭和五十六年（一九八一）八月二十三日未明、一六年ぶりに関東地方に上陸した台風15号は、東日本各地に猛烈な風と雨を降らせながら北上し、翌二十四日には北海道の西から海上に抜けていきました。日本列島に大きな被害をもたらしたこの台風は、北海道における八月の梅雨前線による水害（五六水害）に追い打ちをかけ、北海道では大変大きな災害となりました。

群馬県でも前日の二十二日朝から激しい雨が降り始め、台風が通過するまでの間に北部山沿いに総雨量三〇〇ミリ～五〇〇ミリの雨を降らせました。県内各地に大きな被害をもたらし、カスリーン台風以来の洪水被害との声も上がりました。

中小の河川は氾濫し、交通は寸断され、各地で床上・床下浸水を引き起こしました。箕郷町（現高崎市）では竜

増水で流される乗用車（県職員用利根川駐車場）
（上毛新聞　1981.8.23付）

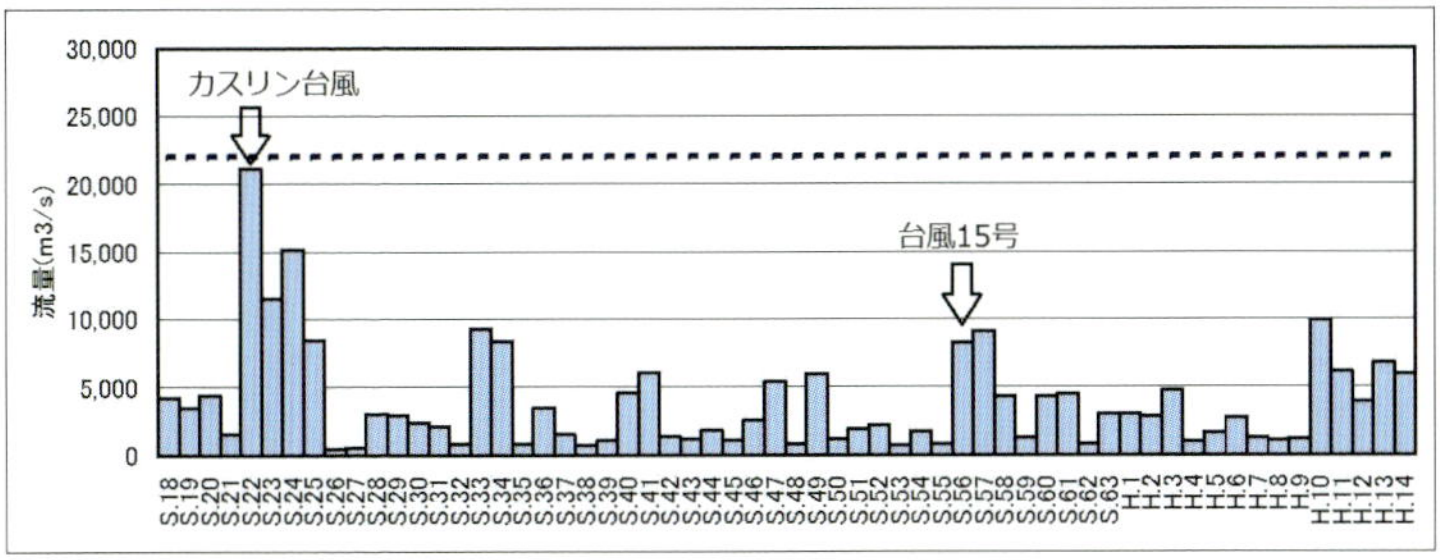

利根川八斗島地点　年最大流量（「利根川水系河川整備基本方針」平成17年12月　国土交通省河川局　より）

巻も発生しました。

利根川の水は徐々に水位を上げていき、台風通過の二十三日までに、県庁付近では濁流が川幅いっぱいに広がり、利根川に架かる群馬大橋や利根橋では橋桁のすぐ下まで濁流が迫りました。濁流は付近の利根河川敷にあったゴルフ場やグラウンドなどをすべて押し流し、河川敷にあった県庁と市役所の駐車場を覆い、取り残された四〇数台の自動車を押し流しました。また、国鉄（現JR）吾妻線では、濁流により胡桃沢に架かる橋脚の護岸が削られ、線路が宙づりになってしまいました。

この台風15号の雨による利根川での流量は、伊勢崎八斗島の観測地点で毎秒八〇〇〇立方メートルを超えました。昭和二十二年のカスリーン台風時、この八斗島観測地点での流量は推定で毎秒二万二〇〇〇立方メートルに達したと考えられていますので、この15号台風の二倍以上の量です。

現在、県内各地の河川では、堤防も整備されて洪水対策が施されているとはいえ、二〇〇年に一度と称されるカスリーン台風規模の台風に再び襲われた場合、どんな被害になるか大変心配されるところです。

■北爪 智啓

9 台風による倒木被害

1982年台風10号

昭和五十七年（一九八二）七月二十九日午後三時ごろ、父島の南東六五〇《キロ》の海上にあった台風10号は、八月二日の午前〇時ごろ愛知県渥美半島に上陸し、長野県を通過し、午前五時ごろには富山湾に抜けました。群馬県に最も接近した二日午前三時ごろは、中心気圧は九七四《ヘクトパスカル》、最大風速二五《メートル》となり、豪雨や強風を受けて、各地で土砂崩れ、河川の氾濫、家屋の損傷、農作物の倒伏、造植林の折損などの被害が発生しました。

榛名山では降水量が多く、山頂では七月三十一日から八月二日の総水量が四二五《ミリ》に達し、周辺を流れる白川、井野川、吾妻川、烏川などは著しく増水しました。風も強く、前橋地方気象台では、八月二日二時三八分に最大瞬間風速が三六・四《メートル》を記録しました。

強風による被害は、地上の構造物はもとより、田畑の農作物、山間部の造植林にも及びました。中でも、農作物や樹木の倒木被害は著しく、県西部では植林したカラマツの七〇～八〇《パーセント》が倒木したところがありました。

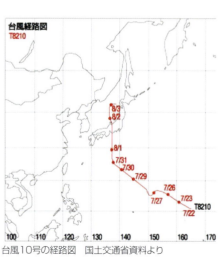

台風10号の経路図　国土交通省資料より

倒木の方向と風の吹き方、地形などとの関連については、①渋川市以北の県北部は、吾妻川沿い・赤谷川沿い、長野原町浅間山山麓・渋川市周辺は、倒木方向は大部分が西北西でした。②高崎市より西、榛名山より南の県南西部は、高崎市付近は西、烏川沿いは西北西、碓氷川沿いは西、鏑川・神流川沿いは西南西方向への倒木でした。倒木の方向は、その地点で最大風速が記録されたときの風向および強風の平均的な風向と一致していました。

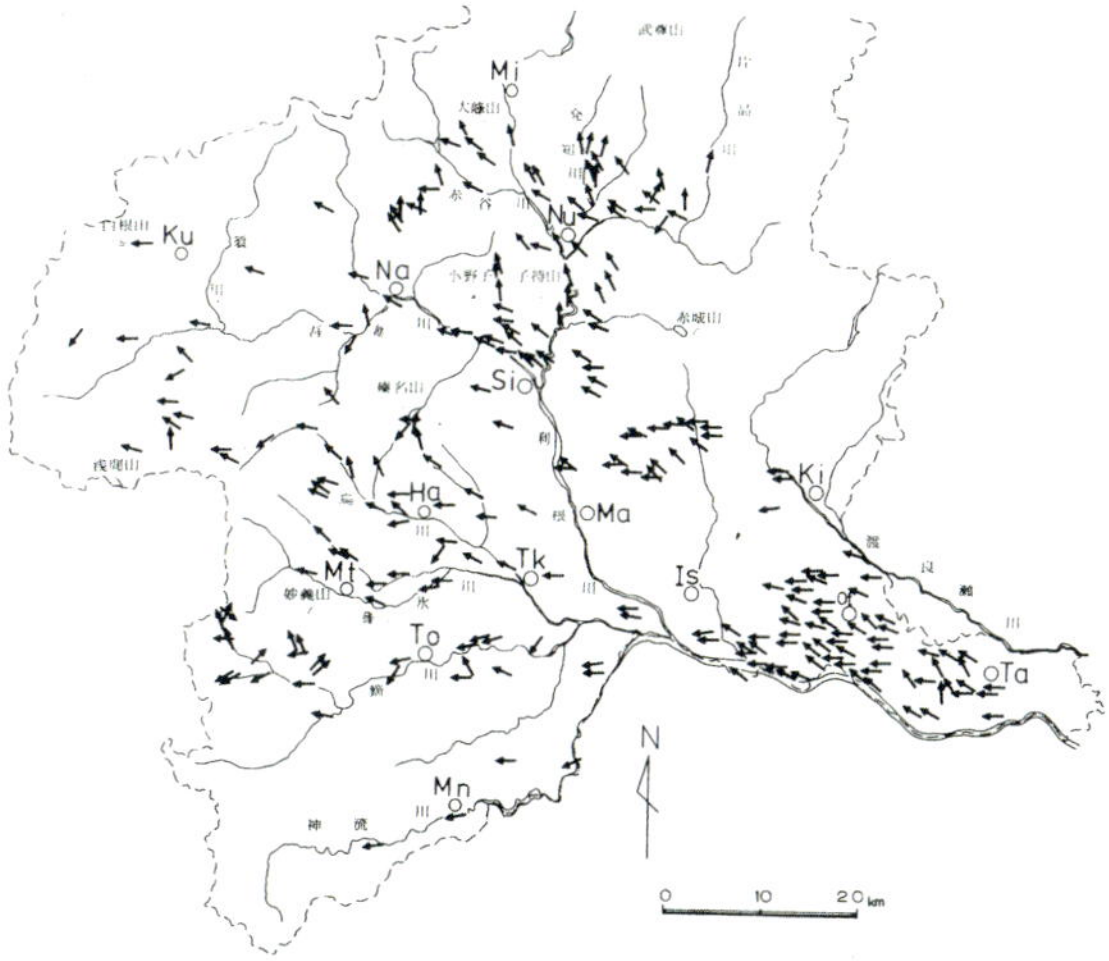

倒木の方向　群馬大学地域研究会報告（1983）より

鏑川上流地域、沼田東方の椎坂峠、中之条町北部の大道峠など地形が複雑なところでは、谷ごとに倒木の方向が異なり、風の吹き方が地形に大きく影響されています。しかし、子持山北側を流れる名久田川、六合村を流れる須川、水上付近の利根川、小幡付近を流れる雄川などの川すじに、ほとんど倒木が見られなかったのは、地形的に周辺部より低いこと、東側に高い山系を持つことなどで、平野部を吹いてきた東よりの風が、川すじに沿って吹き込めなかったと考えられます。

群馬県の中央部は北西―南東方向の大きな谷地形が発達しているので、強い台風が、県の西を通過して台風の風向が谷地形と一致したとき風速が最大になりますので注意が必要です。

■中島 啓治

コラム 6

気付かずに進む水質汚染

大間々扇状地は伊勢崎市から藪塚町を経て太田市にまで広がる北関東一の規模をもつ扇状地で、更新世末期に古渡良瀬川の働きで形成されました。

大間々扇状地の扇端にあたる伊勢崎市早川から太田市にかけて、主要地方道前橋館林線の北側に沿って、湧水池が連続しています。

これらは、標高50～60mにあり、その数は約60ヵ所(1981年調べ)もあります。この湧水地帯には、地名に泉や井戸に関連する"井"がつけられた、寺井、小金井、上野井、市野井、金井、平井などの集落があり、湧水池は矢大神沼、風吹沼、団蔵坊、観音堂、重殿《じゅうどの》、通木、羅釜、穴田、一之字沼などと名付けられています。

大間々扇状地の扇央付近の大原、六千石の農家、専業漬物業者による漬け物加工業が1950年ごろから発展して、夏にはキュウリ、ナスを、秋から冬にかけて大根を出荷してきました。使用された塩水は、素掘りの穴に自然浸透させるなどの方法で処理されたこともあり、これらが原因となって湧水の塩水化が起こっています。

また、大間々扇状地の地下水は窒素濃度が高くなっています。扇状地の地層は透水性の高い砂礫層が多く、大間々扇状地に隣接する上流の赤城南麓では畜産業が盛んで、畜産廃棄物と畑地に投入された肥料が浸透して地下水も汚染したと推定されます。昭和40(1965)年代の畜産農業への転換と規模拡大が進んだ時期から地下水で窒素濃度が高濃度になったようです。

「太田市重殿」

(中島 啓治)

第6章　地域の気象と災害

1 2009年7月 館林市の竜巻

発達した積乱雲がつくった竜巻

平成二十一年(二〇〇九)七月二十七日の一三時四〇分ごろ、館林市で竜巻が発生しました。この竜巻により二一人の重軽傷者が出ました。

竜巻は被害状況から館林市の中心部を、南西から北東方向に距離約六・五キロ、幅約五〇メートルにわたって横断し、大きな被害を与えました。住宅は約六〇〇棟が損傷、全壊二五棟に上り、電柱をなぎ倒し、車が横転し、複数のビニールハウスも倒壊しました。

七月二十七日の天気図を見ると、停滞前線が東日本付近でやや南北に連なっています。このため前線の東側では、日本の東側にある太平洋上の高気圧により湿った南風が吹き込んでおり、前線の西側では、日本海上の高気圧から冷たい北風が吹き込んでいました。このような条件から東日本の上空では、南北に

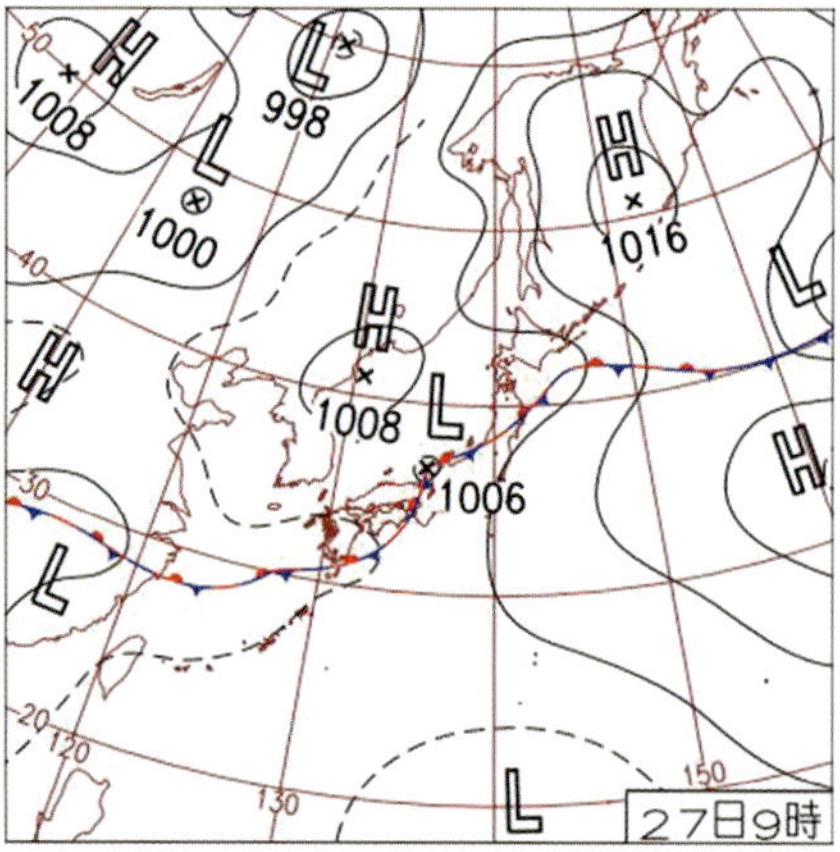

27日(月)大雨は東日本～東北へ

暖かく湿った空気の流入は、東日本～東北へ移り、各地で局地的大雨と突風を観測。静岡県浜松市熊で82mm/1h、宮城県仙台市新川で55.5mm/1h。群馬県館林市で竜巻。

館林市で竜巻が発生した日の天気図(気象庁 HP 日々の天気図から)

THE JOMO SHINBUN　2009年（平成21年）7月28日（

館林で竜巻？猛威

21人が重軽傷

3000世帯停電　建物234棟

県内は27日、発達した積乱雲によって大気の状態が不安定となり、館林市で午後1時40分ごろ、竜巻とみられる突風が発生した。これにより家の屋根が吹き飛ばされたり、スーパー駐車場の車10台前後が横転するなど被害が続出。割れた窓ガラスなどで21人が負傷し、このうち1人が重傷。損壊家屋は234棟に上った。さらに送電施設の破損により一時3千世帯が停電、電車が運行を停止するなど被害は拡大した。突風による被害は千代田町、邑楽町でもあった。

関連記事18、19面

県危機管理室などによると、突風は被害状況から館林市の中心部を、南西から北東に約5キロにわたって横断したとみられる。前橋地方気象台は同日行った現地調査の結果、被害が帯状に

突風にあおられ約10台の車が横転したスーパー駐車場＝27日午後2時ごろ、館林市大街道

平成21年（2009）7月28日付上毛新聞

雨雲が発達しました。当日は高気圧の移動に伴って、時間の経過とともに前線はゆっくり東に移動しており、天気も西から東へ変化していました。

夏は大気の状態が不安定になりやすく、焼けつくような太陽に熱せられたところへ、寒気が入り込むと、活発な積乱雲ができて、雷はもちろん突風や、竜巻、大雨、雹などをもたらします。竜巻は積乱雲の中で起こる強い上昇気流の渦のことで、積乱雲が発達すると起きやすいのです。暑い地域は特に積乱雲が発達しやすく、真夏の最高気温が四〇度を超えることもある館林市をはじめ、東毛地域では竜巻などの突風被害が多い傾向にあります。

この時は、千葉県に設置したレーダーが、竜巻発生の危険をキャッチし、前橋気象台は県内全域に注意情報を発表しましたが、すでに発生した約二〇分後で、被害の軽減には結び付きませんでした。竜巻や突風は直径数百メートルと規模が小さく帯状に移動しながら、一般に一五分で消滅してしまうため、予測することが難しいとされています。被害を最小限に抑えるため、緊密な情報伝達など関係機関は知恵を絞り、対策強化を急ぐべきです。竜巻は季節を問わず発生し、台風シーズンの九月にもっとも多く確認されています。

■中島 啓治

2 みどり市　似た道を通る竜巻
1935年と2013年にみどり市笠懸町で発生

平成二十五年（二〇一三）九月十六日午前二時二十分ごろ、みどり市笠懸町阿左美（岩宿）を中心に竜巻が発生し、甚大な被害を与えました。この竜巻は、接近中の大型の台風18号の影響で、発達した積乱雲の通過により発生し、竜巻の強さは**藤田スケール**のＦ１でした（前橋地方気象台）。この台風は、およそ半日後に群馬県のすぐ南を通過していきました。

ところが、昭和十年（一九三五）九月二十五日午前八時五五分ごろ、笠懸町鹿（鹿の川）を中心に甚大な被害をもたらした竜巻が、やはり台風の接近により発生していました。死者五人、住家全壊五二棟という藤田スケールでＦ２とも推定される強い竜巻でした。ただし、当時の新聞記事や『笠懸村誌』（下巻）などの記述では竜巻ではなく旋風または大旋風と表されています。

今回の竜巻が、発生した桐生大学近くでは、屋根瓦が少々

2013年の竜巻被害　修理中の屋根と傾いた電柱

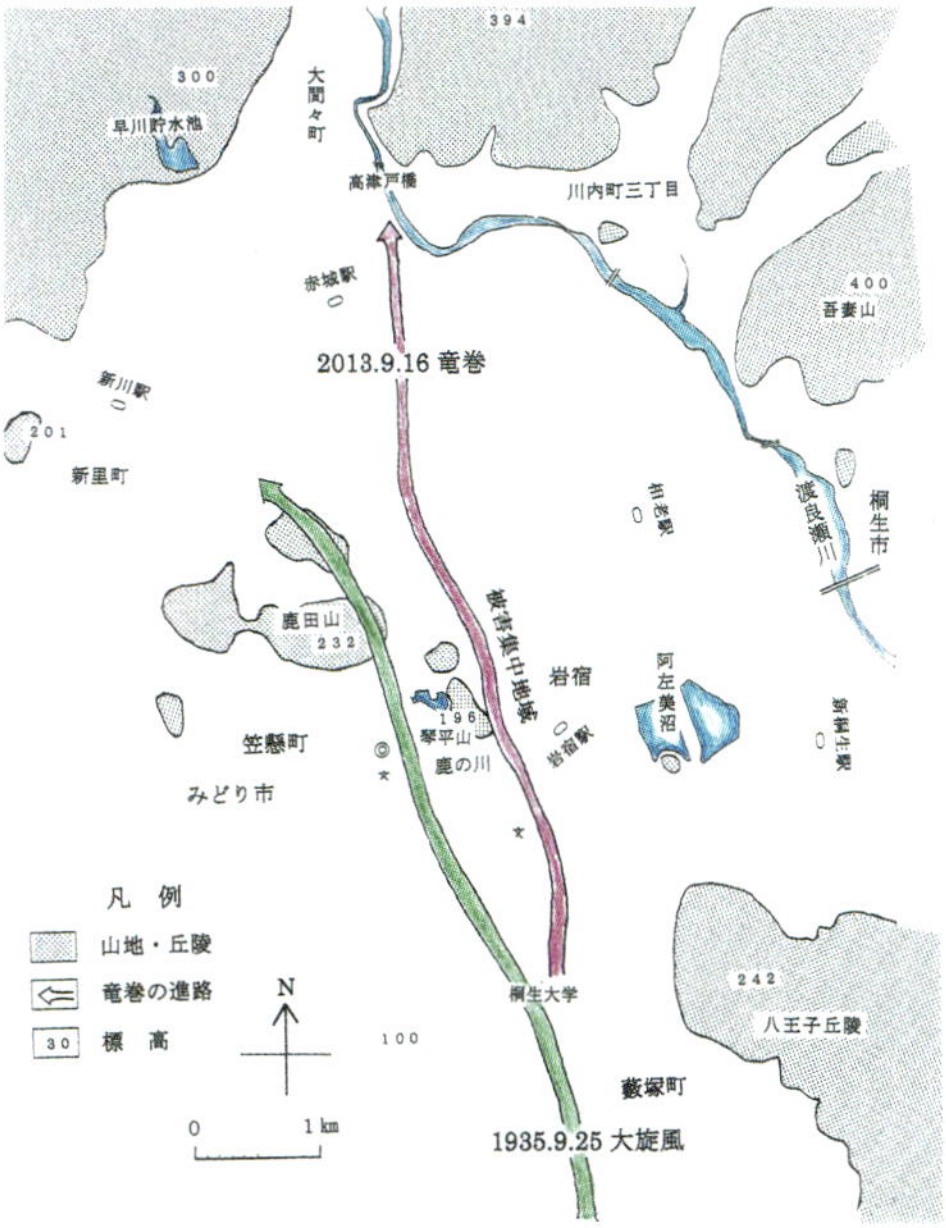

9.16竜巻と9.25大旋風の進路
（桐生史苑、第53号、2014を改）

壊される程度でしたが、次第に強力になり、畑のビニールハウスを壊し、大木の枝を折り、さらに琴平山の東の岩宿では電柱が傾き、ブロック塀が倒れるほどに発達し、被害の幅も最大約二〇〇メートルに広がりました。続いて大間々東小学校の辺りで衰え、最後は渡良瀬川南で屋根の瓦を少々壊して消滅しました。

この二つの竜巻が近くの場所で発生したのは、おそらく、地形が原因の一つではないでしょうか。たとえば、関東平野を北上してきた風の流れが、八王子丘陵、足尾山地に当たり、西方向に曲げられ、渦流（竜巻）ができ、さらに赤城山と足尾山地の間のより低い地形の方向へ進路をとったのではないでしょうか。

同じように、地形が原因で竜巻が発生すると考えられる地域が、渋川市北部でも報告されています。また、ほぼ同じコースをとった竜巻は、隣県の埼玉県でも平成二十五年（二〇一三）と平成二十七年（二〇一五）に発生しています。

地形が原因で竜巻が発生するのであれば、いずれまた、みどり市周辺では竜巻が襲来するかもしれません。八〇年も昔に同じ災害に見舞われたことを将来に伝え、災害に備えることが大切です。

■藤井 光男

3 伊勢崎市北部の突風被害

たたきつけるような強風

平成二十七年（二〇一五）六月十五日の午後四時過ぎのことです。伊勢崎市を中心に、前橋市や渋川市など群馬県内の広い地域で建物の損壊や倒木、冠水の被害が相次ぎました。

関東甲信の上空に氷点下九度の寒気が流入する一方、地表付近は伊勢崎の三二・七度など、真夏日の地点が相次ぎ、大気の状態が非常に不安定になりました。関東北部を中心に局地的に積乱雲が発達し、雷が発生した他、激しい雨が降りました。

伊勢崎市では約三三〇〇世帯が一時停電し、北部を中心にビニールハウスの損壊や農作物の被害が出ました。伊勢崎市下触町の「せせらぎ公園」では樹木が多数なぎ倒され、その原因には北から少し西寄りの強い風が吹いたことが推定されます。公園の南の飯玉神社でも北北西の風で境内のスギの木が六本、同じ方向に途中から折れ、神社の屋根が壊れ、さらに手水所の建物が同じ方向に押しつぶされました。

伊勢崎市下触町、粕川左岸での家屋倒壊の被害

この他に伊勢崎市での被害は、軽乗用車が横転してけが人が出たり、下触町の西部スポーツ公園では、高さ約六㍍、幅約三〇㍍のネットと支柱が倒れたり、隣接する養鶏場で四棟のトタン屋根が飛び、用水路が増水しました。南に離れた三和町の上武国道沿いでは太陽光発電施設の太陽パネル約九〇〇枚が損壊しました。

暴風雨の中にあった伊勢崎市堀下町の赤堀南小学校でもプールのフェンスが倒れ、校庭の木も倒れるなどの被害がありました。学校の東の二軒の住宅では西側の屋根瓦がはがれる被害がありました。しかし、学校から東にわずか離れた堀下の信号付近の畑のトウモロコシには全く被害が見られませんでしたので、突風の被害の範囲は粕川に沿ったかなり局地的なものであったということが分かります。

伊勢崎市下触町付近の位置図
1：せせらぎ公園　2：飯玉神社　3：発電施設

この付近での被害は、大きく見ると粕川の両岸に生じています。石山のような赤城山からの流れ山と自然堤防性の微高地の間を流れる粕川に上空から急激に気流が降りたものと思われ、ダウンバーストが突風の原因だった可能性があります。

このような不安定な天候はしばらく続くことがあるので、土砂災害や河川の増水などにも警戒や注意をして、安全の確保が必要です。

■中島 啓治

4 ダウンバーストの実況中継

伊勢崎市立赤堀南小学校での記録

ポテカとは、明星電気株式会社（伊勢崎市）が開発した小型気象計で、伊勢崎市内の学校やコンビニエンスストアに設置され、約二キロ間隔の気象観測網をつくっています。突風をもたらした積乱雲が赤堀南小の上空を通過したとき、ポテカは気象状況をリアルタイムに記録していました。著者が目撃した状況と合わせて時系列に記載してみます。

平成二十七年（二〇一五）六月十五日は午後二時過ぎに、気温三三度を超える猛烈な暑さでした。午後四時過ぎ、北北西から黒い積乱雲が近づいてきました。二階から手が届きそうなほど低空だったと証言する人もいました。午後四時五分、三〇・四度、一旦気圧が上昇。同七分、雷鳴とともに雨が降り始めました。同九分、二四・八度。赤堀南小の防犯カメラにはサクラの木が大きく揺れ、三角コーンが東風で吹き飛ばされる様子が映っていました。直後に、白い雨が激しく降り出し、視界がきかなくなりました。気圧は一〇〇〇ヘクトパスカルま

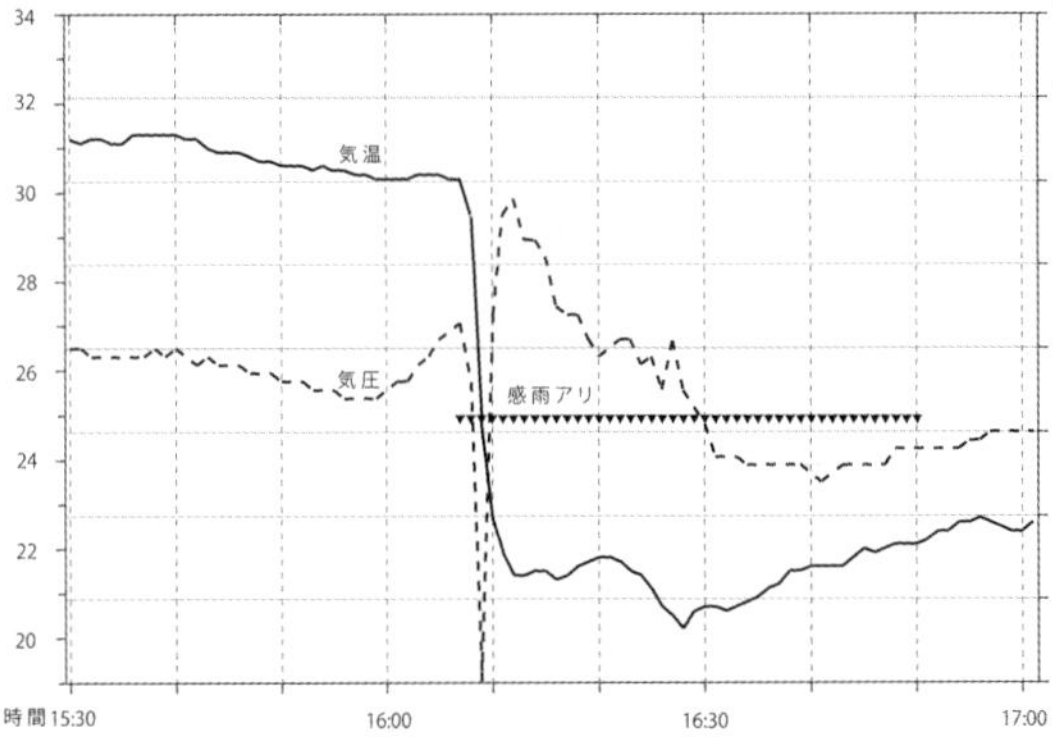

伊勢崎市立赤堀南小学校のポテカ（小型気象計）の観測記録

時刻	気温℃	気圧hpa	雨	赤堀南小周辺の状況(推定)
16:00	303	1003 5		学校の北に黒い雲が現れ落雷が見える.
16:05	30.4	1004 1		気圧が上昇する.
16:07	30.30	1004.30	●	急に激しい雨が降り始める.
16:09	248	1000	●	気圧が急激に下がり、せせらぎ公園周辺で突風被害がおこる。倒木や折れ木、軽ワゴン車が飛ばされ、病院の窓ガラスが割れる。赤堀南小のプールのフェンスが倒れる。突風とともに激しく雨と雹が降る。
16:10	227	1004 3	●	気圧が急上昇する. 雨,雹,突風.
1615	215	1005 1	●	伊勢崎観測所で風速203m/秒が記録される. 東の太陽光パネル9CO枚が壊れる.
16:28	202	1003 5	●	日中気温の最低を記録する.
1645	22	1002 6		雨があがり明るくなる.

時間を追った赤堀·東地区の被害発生状況
■水色着色部はダウンバースト降下中の状況

で急降下しました。同十分、気温が二二・七度まで下がり、気圧は一〇〇四ヘクトパスカルに急上昇しました。このとき、冷気が強い下降気流となって地上にぶつかり、気圧を上げたと考えられます。下降気流は、地上で飛び散り、突風が生じました。同一二分、二二・四度、雨に混じった雹が降り、突風とともに窓ガラスに激しく当たりました。雹は地面に当たり飛び跳ねていました。二から三センチの大きさで、氷が結合して落花生の殻のような形でした。同二八分、二〇・二度、昼間の最低気温を示しました。積乱雲の下降気流によって、約一〇度気温が下がりました。同四二分、雨がやみました。激しい突風は約三四分間続き、その後は青空が見えました。ダウンバースト発生時は、一〇度ほどの急激な気温低下と、一分間という短時間に大きな気圧変動が生じたことが記録に残されていました。

今回の経験で、ダウンバーストがどのような経過をたどるか目撃記録を書きましたので、今後の参考にしてください。

■矢島 祐介

5 群馬の雹道
1980年代の典型的な現象

群馬県は雷の多発県であり、前橋市における一年間の発雷日数は昭和四十六年(一九七一)～平成十二年(二〇〇〇)ごろは平均一九日になっていました。この雷に伴って、初夏の頃を中心に年平均四回ほどの降雹《こうひょう》が発生し大きな被害を残しています。

一九八〇年代の前半の降雹についての記録(群馬大学地域研究会、一九八四)です。

昭和五十六年(一九八一)六月五日の降雹域は、高崎市倉渕町、高崎市、伊勢崎市を通って、伊勢崎市境町、太田市尾島町、深谷市方面へと延び、幅五～一二キロ、長さ約九〇キロで、帯状に分布しています。特に嬬恋村、長野原町北軽井沢、高崎市榛名町、伊勢崎市境町の地域は、激しい降雹域が見られました。

降雹の始まる時刻は、北軽井沢一六時三〇分、境町二〇時と東へ行くほど遅くなっています。雹の大きさは、降雹域全般にわたって、大豆～そらまめ大でした。

北軽井沢方面で発生した雷雲は、烏川に沿って榛名山の南を西

20cmも積もった降雹
(1981年6月5日午前撮影：境町役場提供)

北西から東南東へ毎時約二五キロの速度で移動し、利根川に沿って同じ方向に移動して行ったと思われます。

昭和五十八年（一九八三）六月九日の降雹は、吾妻郡東部、利根郡、沼田市などで始まり、勢多郡、みどり市大間々町、桐生市を通り、足利市、館林市に及びました。一六時三〇分ごろ沼田市で激しい降雹があり、桐生市で一七時三〇分で移動速度は毎時約二五キロでした。

雹の大きさは、前橋市粕川町、大間々町、桐生市でピンポン玉から鶏卵大のものがあり、被害は農作物、建造物の破壊的な被害でした。

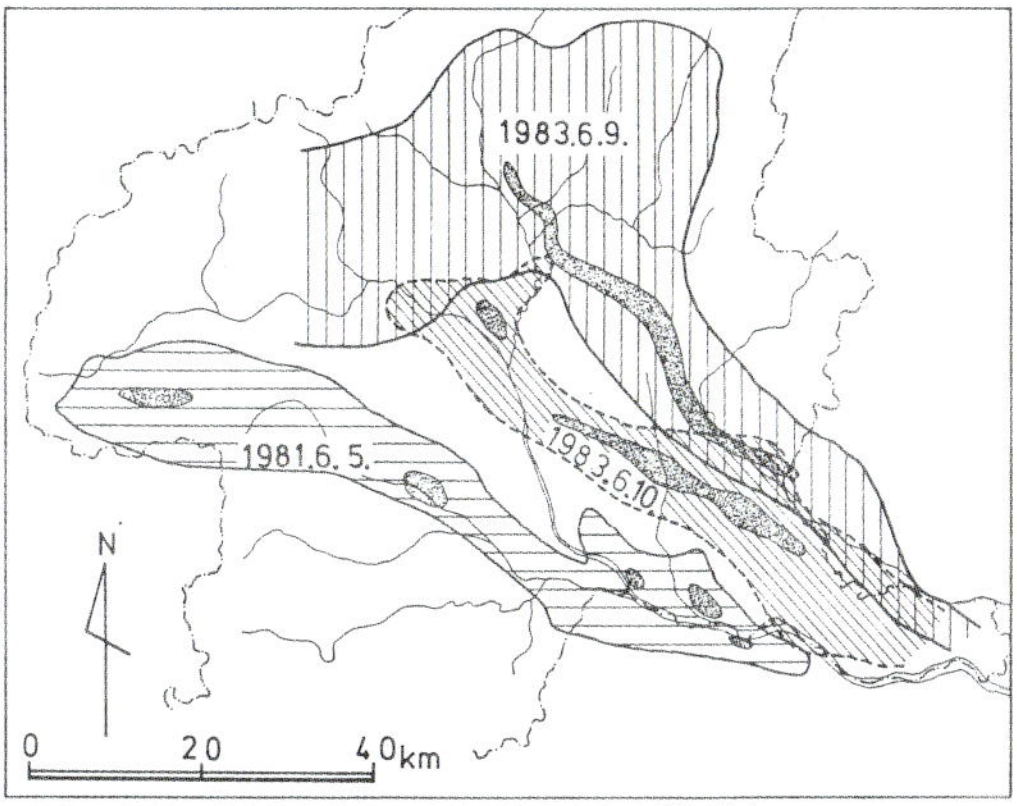

1981.6.5、1983.6.9、1983.6.10の降雹域
（点を打った部分は、降雹が激しかった地域）
（群馬大学地域研究会：1984）

一九八三年六月十日の降雹は、渋川市子持町、渋川市、前橋市富士見町で一五時ごろ、大泉町は一六時一〇分ごろで、北西部から南東部へ移動しています。

雷雲の移動速度は毎時約三〇キロで、幅八〜一五キロでした。雹の大きさは、大豆からピンポン玉大でした。農作物や、突風による樹木の被害がありました。

降雹害が発生するのは、初夏から夏にかけてで、発生には積乱雲の発達という気象的な共通点があります。また、激しい地域は、山間部、平野部から山間部へ移り変わるところという特徴があります。

■中島 啓治

6 平成二十六年の大雪被害の原因

記録的な大雪を降らせた二つの高気圧と南岸低気圧

平成二十六年（二〇一四）二月十四日から降った前橋市の大雪は、十五日午前八時に七三チセンの積雪を記録しました。明治二十九年（一八九六）の統計開始以来の最高値を二倍近く更新する史上最大の豪雪でした。このため、道路などの交通網は県内全域でまひし、特に大雪に慣れていない平野部で県民生活は大混乱しました。

前週（八～九日：前橋の積雪量三三チセン）に続いて二週連続で大雪をもたらした「**南岸低気圧**」は、進路次第で常に雪を降らせるわけではありません。大雪となった時期、シベリア高気圧が、日本海付近まで張り出していたため、南岸低気圧が発生しやすくなっていた一方、日本の南海上を流れる**偏西風**を日本の東で大きく北に蛇行させていました。強く流れる偏西風のため、低気圧が関東甲信に大雪を降らせる進路をとりやすい状態が続いていました。シベリア高気圧がもたらす強い北からの寒気と、**ブロッキング高気圧**（温暖高気圧）の周囲を回ってくる南

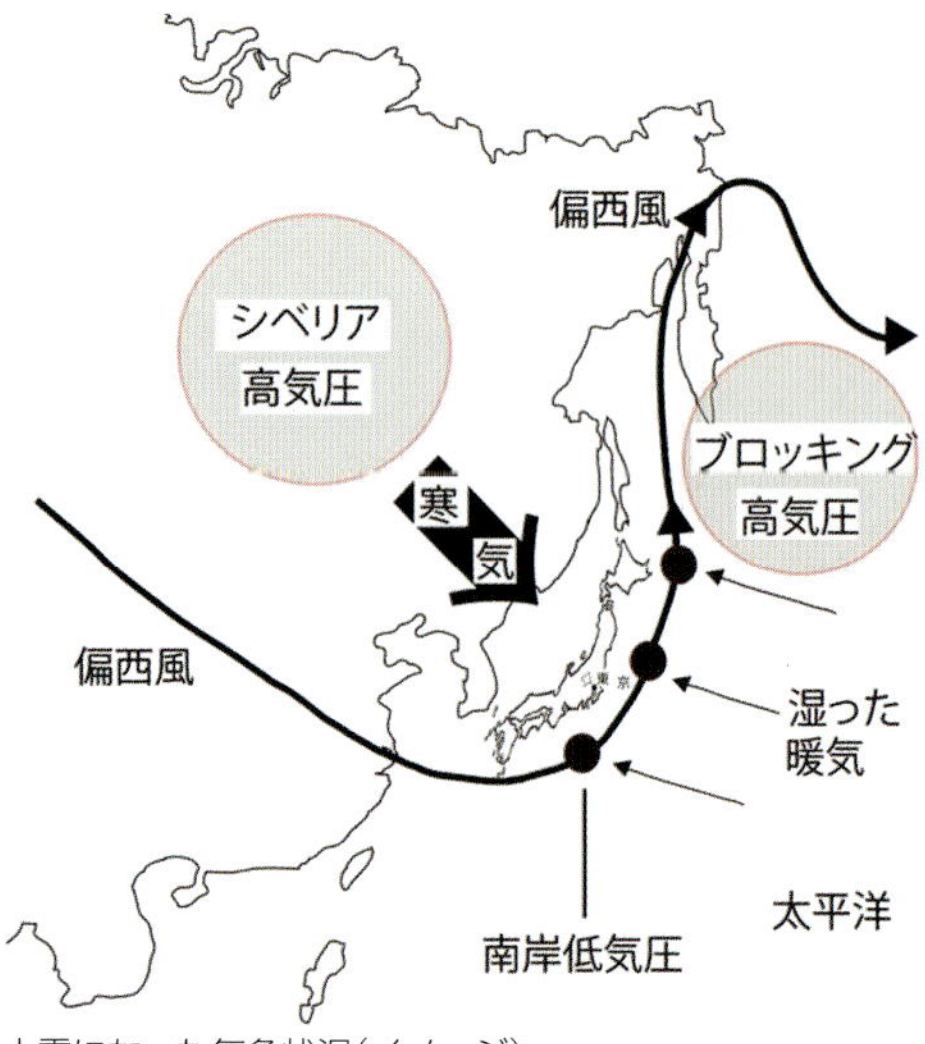

大雪になった気象状況（イメージ）

寄りの湿った暖気が日本の南海上でぶつかって南北の気温差が大きくなり、南岸低気圧が急速に発達しました。

東に向かった南岸低気圧の進路をブロッキング高気圧が邪魔したため速度が遅くなって本州の沿岸を進んで、関東甲信に降水域が長くかかり、そこに強い寒気の流入が続いたので、長時間の大雪となりました。

本県を襲った歴史的豪雪により、除雪中の事故など死者七人、農業用ハウスの損壊、幼小中高の休園、休校、集落孤立や停電、断水などの影響が広がりました。本県の大雪に伴う農業の被害額は、自然災害としては過去最高の二四一億六二〇〇万円(当時)に達しました。

THE JOMO SHINBUN　2014年(平成26年)2月17日

豪雪 死者7人に

南牧で一時全村孤立

大渋滞する国道50号＝16日午前11時20分ごろ、前橋市天川大島町

上毛新聞　2014年2月17日付

住宅地では、住民が協力して道路に積もった大量の雪かきに汗を流し、住民同士の間に自然と連帯感が芽生える光景が見受けられました。

しかし、除雪が進まず都市機能がまひしたこと、不安を取り除く情報発信の整備、除雪の組織づくりなど、今回の反省を生かし、改善すべき点はないかを検討し、雪害対策に取り組むことは大切です。

■中島 啓治

7 前橋市を襲った記録的な大雪
市民の協力で災害を乗り越えよう

平成二十六年（二〇一四）二月十四日（金）から十五日（土）にかけての前橋市は、観測史上初めての大雪になり、積雪量は七三センチに達しました。この大雪は、発達した南岸低気圧がもたらした典型的な春雪型気圧配置によるもので、十四日午前中から降り出した雪は夜まで降り続き、翌十五日未明にはいっそう激しく降り積もったのでした。

関東地方の平野部では、大雪を想定していなかったために、構造物の強度が不足しており、積もった雪の重みで、多くのカーポートがつぶれたり屋根が破損したりしました。中でも農業用ビニールハウスの倒壊が相次ぎ、膨大な被害額に達しました。

写真に見られるように、道路もどこもかしこも、腰の高さにまで達する深い雪に覆われていました。玄関の戸を開けて驚いた人も多かったことでしょう。職場に出勤しなければ

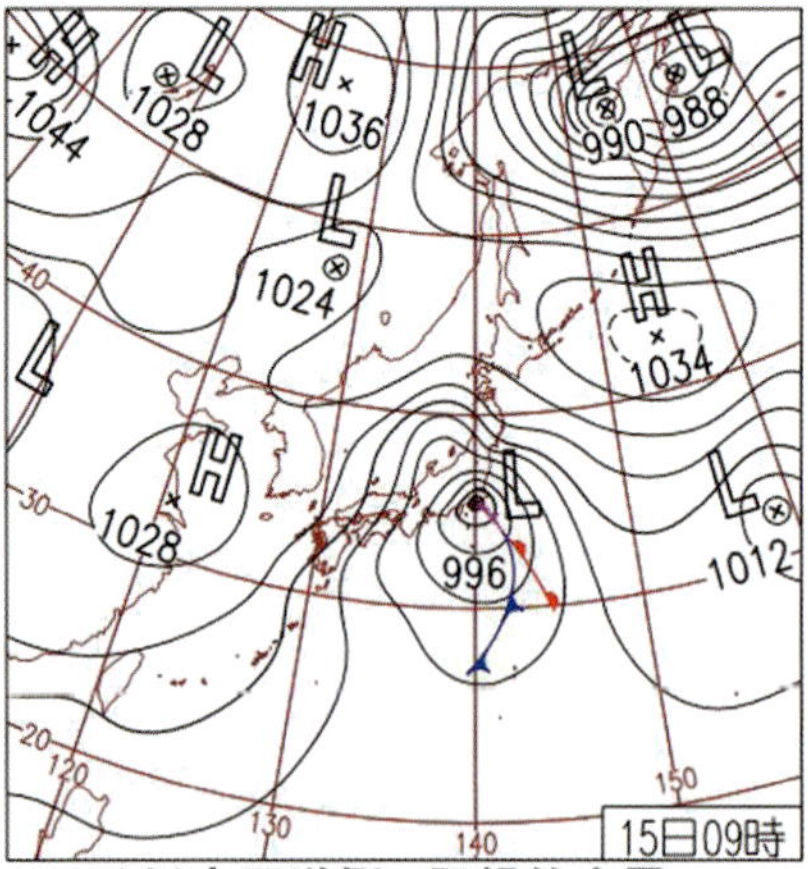

15日(土)太平洋側で記録的大雪
低気圧の発達に伴い関東甲信を中心に大雪。最深積雪は甲府114cm、前橋73cm、熊谷62cmなど甲信～東北の15地点で観測史上1位を更新。東京都千代田区も27cmの積雪。
前橋豪雪の日の天気図（気象庁 HP　日々の天気図より）

ならない人たちは歩く他ありませんでした。

都市に生活する私たちは自動車の快適な移動に慣れているため、自動車が走れなくなると移動の自由も奪われてしまいます。通勤、通学や買い物などを考えると、できるだけ早く除雪する必要があります。

生活道路を確保するためのすばやい除雪作業は、そこに住んでいる人たちの意識や習慣に左右されます。こうした天災と言うべき事態では全員が被害者なので、お互いに助け合うことが大切です。日頃から起こり得る事態に備えて最小限の備えをしておくことが必要です。

2月15日朝の前橋市三俣町の光景

たとえば積雪に対しては各家庭に雪かき、スコップなど、除雪に必要な道具を備えることです。前橋市は豪雪地帯ではないので、高額で維持・管理・保管が必要な除雪車を備えることはできません。

しかし、雪に覆われた車道、歩道の除雪作業をどういう組織・体制で進めるかを今回の経験から対策を立てておくことが大切です。

この大雪の経験から、すぐにマニュアルづくりを行った自治会がありました。

「災害に学ぶ」というのはこういうことなのです。

■野村 哲

8 安中市　嶺のお雷電さま

妙義の三束雨

群馬県では夏に多い雷をおそれ、雷神を祭った雷電神社などの社が八九〇社もあります（二〇一一年：上野国神社明細帳：総索引）。雷神を祭った社は県南部にたくさんありますが、雷の通り道と雷神を祀った社の分布には関係があります。山で発生した雷は、邑楽・館林の平野部に流れてくることが多いからです。雷電神社などは落雷の多い地域に立っているということができます。佐波郡玉村町の火雷神社、伊勢崎市赤堀町の大雷神社、境町や板倉町の雷電神社などです。

上州の山間部では、夏のむし暑い日の午後、妙義山や御荷《みか》鉾《ぼ》山などの上に積乱雲ができます。遠くで鳴っていた雷鳴が稲妻と一緒になると、大粒の雨が落ち始め、麦や桑を束ねるのに、三つの束をつくる間もなく降ってきます。妙義の三束《さんぞく》雨、御荷鉾の三束雨、新治の三束《さんぞう》雨などの地域名で呼ばれます。

降り出しが急であること、大粒の雨が激しく降ること、激

安中市嶺の雷電神社とお雷電さま（327：雷電神社　328：お雷電さま）

しく降る場所が限られた所で、隣村ではあまり降らないこと、三〇〜四〇分でやんで、さっきまでのことは嘘のように青空が見えるという特徴があります。一時にたくさん降ることによる水害や、落雷による火事、感電などで人の命を奪ってしまうこともあります。昭和六十二年(一九八七)七月の四日間のうちに二〇人の感電死者があったほどです。雨と一緒に雹が降ることもあり、農作物に大きな被害を出すことがあります。

安中市嶺のお雷電さま(2基の石宮のうちの1基)

安中市嶺には、地域の人々が大切に守っている赤坂の雷電神社、中組のお雷電さまがあります。雷電神社は八咫川《やたがわ》が少し屈曲する左岸の高まりにあり、鳥居の奥に石宮一基が鎮座してます。お雷電さまは九十九川の右岸の突端の崖の上に、二基の石宮が祀られています。共に雷雲の通り道にあたり、地形的な高まりが雷雨の攻撃面に当たります。特に、お雷電さまの周辺は頻繁に落雷があり、折れた木が何本もあります。雷による災害を恐れながらも雷様をうやまう気持ちから大切に祭られてきました。

「地震・雷・火事・親父」という言葉のように、雷は恐ろしいものの仲間です。

しかし、水の少ない土地では、夕立の雨を待ってもいるのです。

■中島 啓治

9 からっ風と防風林

冬の群馬の風物詩

からっ風は、初冬から春にかけて吹き、赤城おろし、榛名おろし、浅間おろしと地域によって違う名で呼ばれています。

からっ風は、関東平野一帯に吹きわたる乾燥した冷たい季節風で、強くなるのは午後二～三時ごろで、風速二〇メートルを超えることもあるほどです。群馬県のからっ風は、冬季にシベリア方面から日本海をわたって吹く季節風が、上越国境の脊梁山脈を越えるとき雪を降らせ、水蒸気を失って乾燥した空気が群馬の山腹斜面を吹き降りて来ることで発生します。前橋で、風が強いのは、十一月から翌年の四月にかけてで、北～北西の風が多く吹きますが、からっ風の主力は利根川と平行な北北西の風です。

伊勢崎付近は北西風、太田・館林付近は西風です。県西部の烏川・碓氷川・吾妻川では川の流れに沿って西風が卓越し

からっ風の流線図(群馬の気象1979より)

ます。鏑川は同様に西風が多いです。しかし、利根川上流・渋川では北風となります。群馬県は全国的にも、風が強く、空気が乾燥します。春先には乾燥した地面から舞い上がった砂塵《さじん》が空を覆い、この細かな砂ぼこりは、洗濯物に付着し、さらに家屋の中の戸棚の奥までに入り込むほどです。

群馬県では、からっ風に対して工夫した生活をしてきています。その一つに、からっ風を防ぐための屋敷を囲んだ森や林、生け垣、竹藪などが見られます。屋敷の周囲を取り巻く屋敷林と呼ばれる防風林が各地に広く見られます。

防風林の一例

防風林は、農家を強い風から守り、母屋の南の庭での農作業の助けとなっています。防風林は燃料や堆肥の供給を、特に樫ぐねは占有面積は少なく、防火に役立つので他の樹種にくらべても優れています。また、竹は農業用具の材料の供給の役も担ってきました。群馬県の防風林の樹種は、竹・樫・欅・杉などからなっています。防風林の配置方向は、母屋の北か西か東のいずれかに位置する一面林、北から西にかけてカギ型の二面林、西・東・北のコの字型の三面林があります。地域によって風向に対応した防風林の配置の分布に特徴があります。

防風林は風が強い群馬県ならではの文化ですが、近年はすっかり姿が見られなくなってきました。文化遺産として残していきたい風景です。

■中島　啓治

10 からっ風と大火災

西高東低の気圧配置にご用心

群馬の「からっ風」は上州名物とされ、前橋付近は特に強くからっ風の中心で、気候を特色付けるものです。

西高東低の冬型の気圧配置（天気図）は数日間続きますので、建物は極端に乾燥します。さらに暖房の必要が増すことになります。出火の原因では過失が最も多く、冬期に出火が激増しています。防火には最優先で取り組まなければなりません。明治時代の新聞には、高崎・前橋の大火の記録があります（左の表参照）。

『ぐんまの噴火　災害　草軽　縣令』（平田一夫：二〇〇三）の「新聞に見る群馬の災害（明治一三年～昭和一六年）」によれば、火災の記事が四五回あります。強風による大火は一九回ですが、そのうち一三回の記事には北、西北、西と風向がきちんと記されています。また、十一月から四月の期間は三五回で、大火は一五回です。じつに大火のおよそ八〇《パーセント》が、からっ風の時期

年　月　日	名　称	記　録
明治 7. 3.21	高崎大火	120 戸焼失
明治 11.3.28	高崎大火	700 余戸焼失
明治 13. 1.26	高崎大火	2000 余戸焼失
明治 16. 5. 1	前橋大火	700 余戸焼失
明治 19. 3. 1	高崎大火	200 余戸焼失
明治 30. 5.18	前橋大火	303 戸焼失
明治 37. 1.26	高崎大火	130 戸焼失
明治 39. 3.22	高崎大火	232 戸焼失

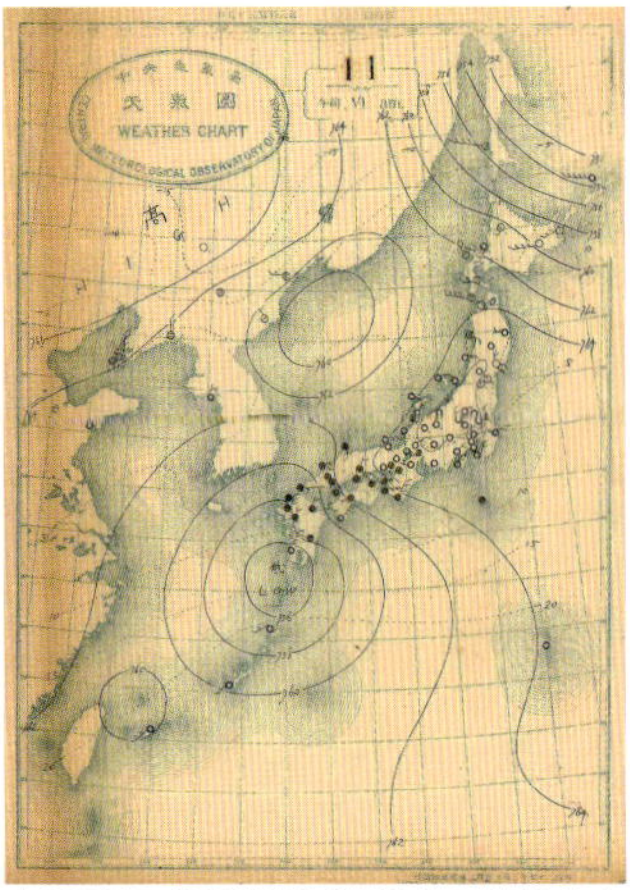

大正７年（1918）12月11日前橋大火天気図（原典：気象庁「天気図」、加工：国立情報学研究所「デジタル台風」）

です。例えば、昭和五年（一九三〇）二月二十七日の上毛新聞には、見出しに「折柄の烈風中に発火　目貫七〇餘戸を焼く　必死の消防も水利の便悪しく　今暁前橋市の大火」、内容は「二月二十六日午前五時十五分頃前橋市横山町より発火し、折柄北々西七米半の烈しい赤城颪《おろし》に煽られて火勢は猛烈に見る見る中に西方に燃え拡がり（略）一帯の全部を焼払った」とあります。続いての記事には、「呪いの魔風　前橋の大火事に　いつもきまって吹きまくる　慶應年間の大野屋火事を」の見出しで、大野屋の大火の伝承から、「明治中世期に片原の住吉屋火事もつめたい思ひ出の糸をたぐらせるものの一つ、恰度今度の火事のやうに首を持って行かれるような猛烈な北風に悩まされた上、水ぎれ時期の出来事だから僅に軒下の天水桶を桶ごと放り出して防火につとめると云う悲壮も極まりなき有様を演出し」、という古老の思い起こした話が紹介されています。

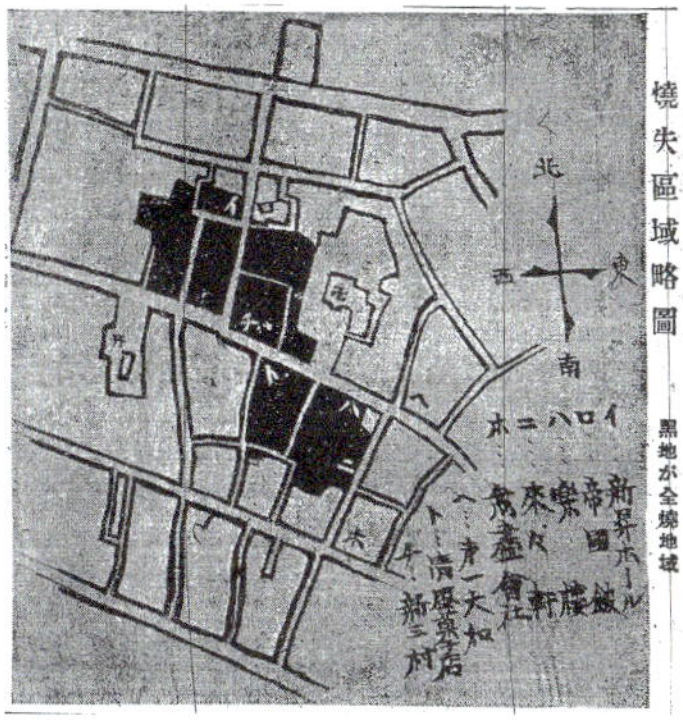

昭和5年2月26日前橋大火焼失区域略図
（上毛新聞：1930年2月27日付）

群馬県内各地の大火を報じた記事は、大火による災害の悲惨さを強く訴える内容となっています。

冬型の気圧配置が強い日には、空気も乾燥していますので、火の取り扱いには十分注意しましょう。

■中島 啓治

11 霜の降りやすい地形

晩春の早朝に起こる凍霜害

毎年、春の終わりから初夏にかけて、暖かくなったあと急に霜が降り、農作物や植木に被害がでます。晩霜とかおそ霜と呼びます。移動性高気圧が日本中を覆い、晴れ上がり、風が弱く、気温が五度以下のところが多くなります。ところが霜のできるのは地面です。地面に近いほど**放射冷却**で冷えます。東京付近では、最低気温と地面の最低温度は、冬から春にかけては六度内外の差があります。つまり気温が〇度以上でも、地面は〇度以下に下がります。また、桑の葉の表面は、夜は三～四度低いので霜害はひどくなります。

ところで、群馬県の蚕糸業は立地条件に恵まれ、全国一位の生産地として、主要な産業の核として、県民生活に強く結びついてきました。最盛期の昭和四十六年(一九七一)、四十七年には立て続けの甚大な凍霜害に見舞われました。四十六年は桑園面積三万一七〇〇ヘクタールに凍霜害八六四二ヘクタールで減収繭量五三〇・一トン(収繭量二万四〇七二トン)、四十七年は桑園面積三万二二〇〇ヘクタール

安中市嶺の凍霜害の起きやすい所
(九十九川右岸の段丘面と八咫川右岸の沖積面)

に凍霜害七五五五㌶で減収量一五〇〇・六㌧（収繭量二万四〇七二㌧）でした。昭和四十六年四月二十八日は、バイカル湖方面から日本海北部へ冷たい高気圧で、山間部は氷点下に下がり、平地で一～四度となりました。標高一五〇～三〇〇㍍で霜害が生じ、安中市・富岡市周辺から高崎市北部にかけて桑を中心に被害を受けました。五月九日は移動性高気圧に覆われ晴れて冷え込みました。四月二十八日に比べて全体に二度前後高めでしたが、生育が進んだこともあり、利根・吾妻地方の桑をはじめ、果樹・野菜に被害がでました。

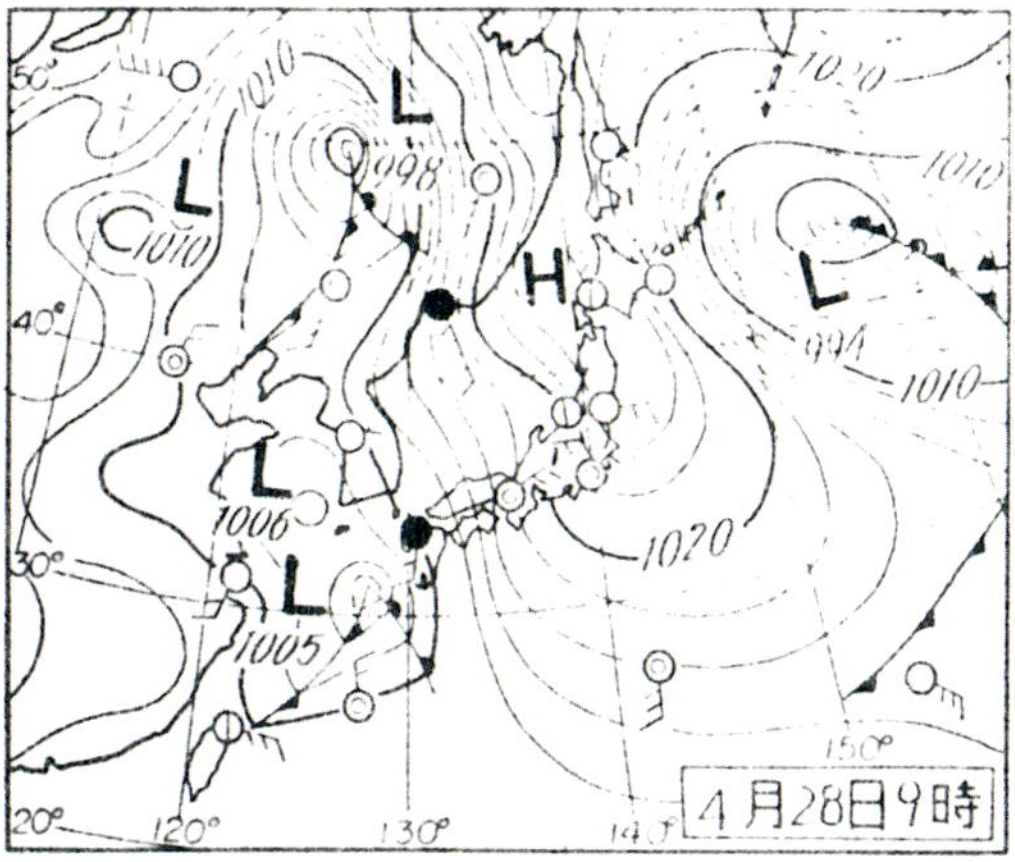

昭和46年4月28日9時の天気図
（寒のもどり：関東で冷えて山ぞいに霜害）

昭和四十七年は四月二日、三日ともに移動性高気圧に覆われ前橋で最低気温氷点下〇・六度、十日の早朝に前橋で気温が〇・八度となり、梨・桃の被害がでました。移動性高気圧は五月三日、五月二十四日、二十五日にかけて本州を覆い、晴れて早朝の冷え込みが激しく、特に県北部の吾妻・利根郡の一部では最低気温〇～三度と低く、霜が降り被害を生じました。現在は桑園面積は昭和五年（一九三〇）の四万八一七〇㌶から平成十三年（二〇〇一）の一七五〇㌶に減り、桑園被害は少なくなりました。凍霜害に見舞われると、たったひと朝の霜のために野菜、果樹、牧草などに莫大な金額の被害が生じるので油断は禁物です。

■中島 啓治

12 館林市高温の謎
強い日射とフェーンの熱風

平成二十七年（二〇一五）の夏は七月十四日に館林の最高気温がこの年の全国最高となる三九・三度を観測したことが報道されました。群馬県では、平成十年（一九九八）七月四日に上里見、平成十九年（二〇〇七）八月十六日に館林で四〇・三度を観測しましたが、これは平成二十八年（二〇一六）一月現在全国一〇位の順位です。

二〇〇七年八月十六日の館林の一五時は、気温四〇・三度、風速三メートル、風向は北北西でした。この時の前橋では、三七・〇度、風速四・五メートル、北北西、熊谷三九・四度、風速五・四メートル、北でした。熊谷は、当時の日本の観測史上最高の四〇・九度を記録しました。日最高気温の国内最高記録は、高知県四万十市の平成二十五年（二〇一三）八月十二日の四一・〇度、第二位は埼玉県熊谷市と岐阜県多治見市の、二〇〇七年八月十六日の四〇・九度です。

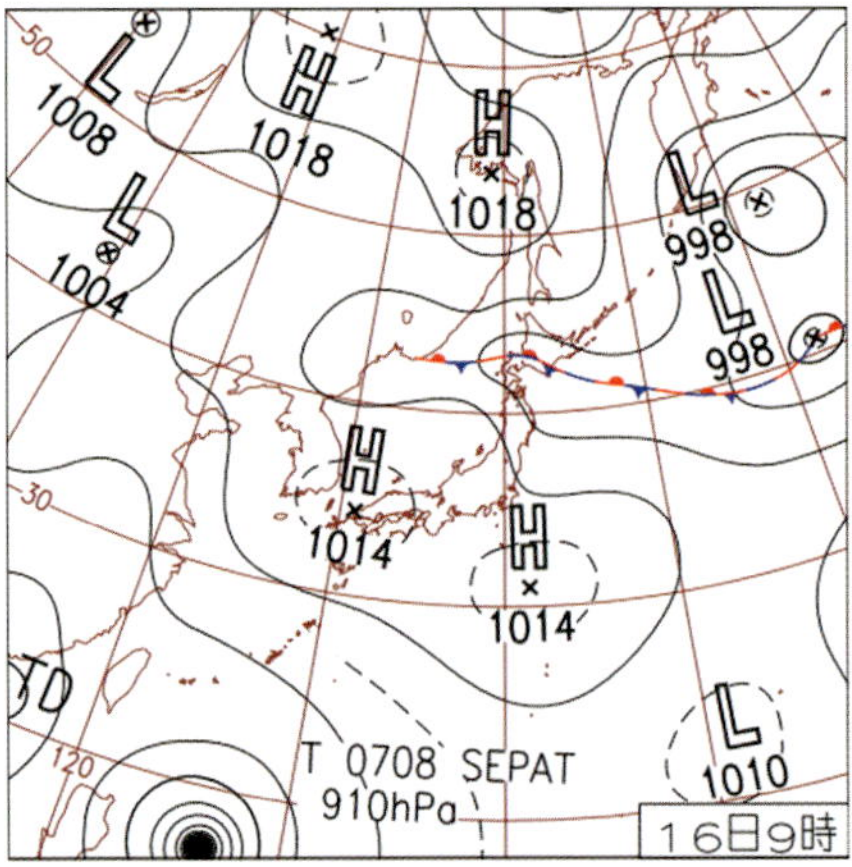

16日(木)今年一番の猛暑
本州付近は引き続き勢力の強い太平洋高気圧に覆われる。埼玉県熊谷市と岐阜県多治見市でともに最高気温40.9℃を観測、これまでの日本の最高気温記録更新。ペルー沿岸で地震。
2007年8月16日の天気図
（気象庁 HP, 日々の天気図より）

この時の伊勢崎市で三七・九度、風速三メートル、南東の風、みなかみ町は三一・三度、風速二メートル、西の風でした。

これら異常高温が出るときは空気塊の押し合いのバランスが変わるときで、西風が強くなり、南東風と釣り合う状態になったときなのです。

異常高温の原因は日照時間が長く地表面加熱が大きかったこと、利根川沿いの都市によって風速が弱められ、比較的涼しい海風による気温上昇の抑制効果が内陸部まで及ばなかったことが影響したようです。

館林市役所の看板(2016.8.9)

高気圧の中心が西日本にあり、北西から山越えの風が吹き込んで顕著なフェーン現象が発生しました。関東地方では都市化率が高く、太平洋高気圧に広く覆われて日照時間が長く風が弱い日には**ヒートアイランド現象**が現れやすくなり、この影響は熊谷市付近で一度程度です。館林市、熊谷市周辺では、北西寄りの風と、沿岸部を覆う南寄りの風(海風)が合流する収束域のさらに内陸部に位置するので、比較的涼しい海風が到達しなかったのも要因の一つでした。さらに、海からの風が吹き込みにくいので夜間にも気温が下がらないという環境にあります。

一九九〇年以降、夏に三五度以上となる猛暑日は急増しています。温暖化やヒートアイランドの現象の進行を少しでも食い止める活動は重要です。

■中島 啓治

コラム 7

防災マップを役立てよう 過去の災害がヒント

過去に災害があった地域では、今後も同じような災害に見舞われることが予想されます。そこで、県や各市町村では、今後起こり得る災害を予測して、地図に表現しているのが防災(ハザード)マップで、避難場所なども表示しています。

活火山に近い市町村では、最近起きた噴火やその他の活動を参考にして、専門家が災害予測とその被害の種類と影響を及ぼす範囲を表示します。たとえば、国土交通省利根川水系砂防事務所の「とねさぼう」には、浅間火山周辺の市町村の火山の防災マップが閲覧できます。邑楽郡板倉町では、水害ハザードマップの閲覧ができます。また、群馬大学早川由紀夫研究室の「群馬県火山の噴火シナリオとハザードマップ」のサイトでは浅間山、草津白根山、榛名山、赤城山などの噴火被害の広がりを年代別に表示した地図を掲載しています。

しかしながら、過去の災害履歴が分かっても災害はその都度違った条件のもとで起きますから、参考にはなりますが、そうなるというものでもありません。ただ、活火山では監視体制が整っていますので、発表される火山情報を参考に行動すると良いでしょう。洪水ハザードマップは土地利用の際にかなり参考になります。現代は機械力が発達して、微地形などは人為的に変えられてしまいます。その変化が予期せぬ災害に結び付くこともありますので、注意が必要です。

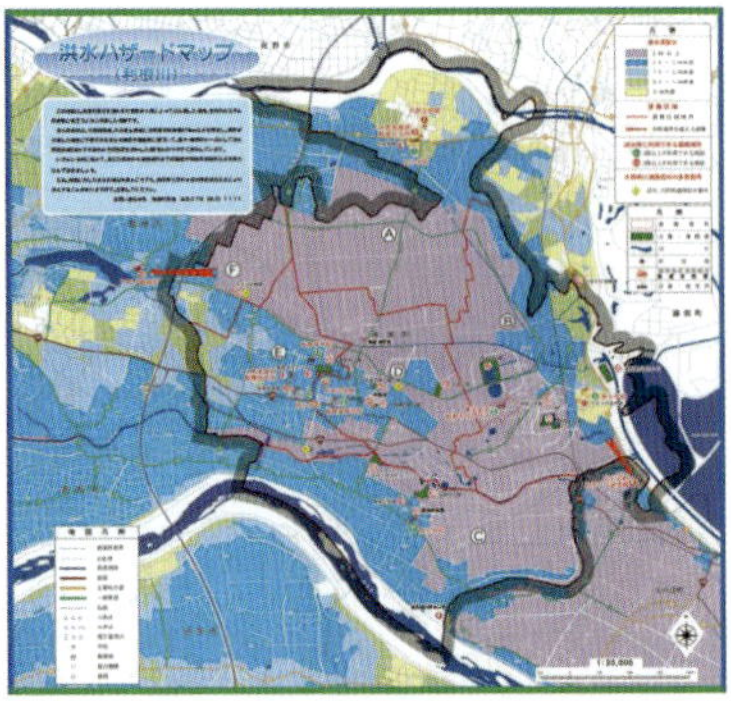

洪水ハザードマップ板倉町利根川(板倉町作成ハザードマップ) web 取得

(山岸 勝治)

第7章　群馬の防災文化誌

1 経験から生まれた天気予報

東毛地域の天気俚諺に見る気象災害

群馬県は南東に広がる関東平野に向かって手を広げたような地形をしています。そのため、この地形によって台風、前線、雷雨による豪雨・風によるさまざまな気象災害が発生しやすくなっています。

群馬県では、昔から農業が盛んで、毎日の生活と結び付いた晴雨、寒暖など、天気への関心には強いものがあります。そこで、生活体験から蓄積され言い伝えられてきた多くの**天気俚諺**《りげん》の中から、主に東毛地域における災害に関わるものを取り上げてみましょう。

「星空の次ぐ日は霜」（太田市）

放射冷却による霜害の警告です。

「雹が降るときは空が赤い」（藪塚本町）

「雷雲が赤い時は雹が降る」（大泉町）

落雷の様子

「赤城からの雷は雹をもってくる」（千代田町）
降雹による農作物の被害を起こすような強雷は、寒冷前線に刺激されて激しい上昇気流が起こり、雲の頂上が圏界面に達するほどになったときに発生しやすいのです。つまり赤城南麓の上昇気流は激しいということが言えます。
「春に大きい西風が吹くと干ばつが来る」（太田市綿打）

台風10号の梨の被害（1982.8.3）

天気の変化が例年と違うことに注目したもので、長期予報的なものです。科学的な因果関係の解明は今後に待たれます。
「朝雷は大洪水の前ぶれ」（邑楽町）
非日常の天気現象に着目したものです。
「春彼岸に雨あれば、秋彼岸に大水あり」（太田市周辺）
「虹が利根川にかかると洪水」（大泉町）
「朝虹があると大雨（西虹に川を渡るな）」（館林市）
利根川上流に洪水対策としてのダム群が建設されるまでの長い間、洪水に苦しめられてきた東毛地域の天気俚諺です。
科学的な方法での天気予報と違って、経験にのみ頼る天気俚諺には限界がありますが、戒めとして伝えられてきたもので有用なものも少なくありません。

■中島 啓治

2 安中市の「悪途」「蛇喰」「大崩」の地名のなぜ

祖先が残した災害の記憶

安中市原市町の、国天然記念物の「杉並木」の南、国道18号からＪＡ碓氷安中の農協会館の信号を南に下磯部方面に曲がります。一五〇㍍ほど進んだ左側が「悪途《あくつ》」、「悪途東」です。この辺りは、原市面（**中位段丘面**）と安中面（**下位段丘面**）の境（段丘崖）付近で凹地に当たります。段丘面の形成時期は、原市面は約一五万年前、安中面は約四・一〜四・四万年前と考えられています。いずれの段丘面にも段丘礫《れき》層が堆積しています。およそ四万年前以降のことです。安中面を形成した河川は**下刻**《かこく》に転じ、さらに磯部面（最下位段丘面：二〜一万年前）を形成していきます。

「悪途」は安中面を形成した河川が下刻を開始して以降、**段丘崖**に生じた湧水を谷頭にして形成された東南東に緩く開いた凹地と考えられます。地形は「悪

安中市土塩の「大崩」の地点　2.5万分の１「松井田」に加筆

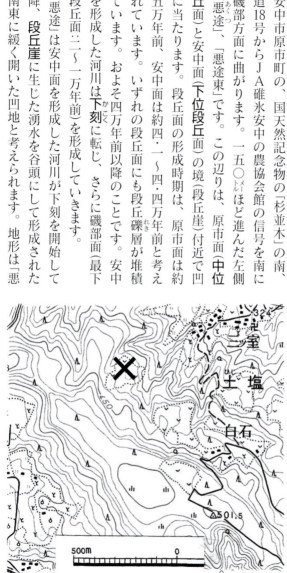

途」からは、東南東へ碓氷川に向かって下がっています。道路は大きく屈曲して碓氷川に架かる柵橋に出ます。橋の下流の左岸、段丘崖と碓氷川の現河床との間、川沿いに河床より数メートル高い平らな面が連続的に続いています。「悪途久保西」です。一・五キロ下流に架かる新水口橋の下流左岸「悪途久保東」まで延びています。

安中市土塩の「大崩」

この崖下の川沿いに広がった平らな面は、一万年前以降に離水したもので、田畑などに利用されてきましたが、現在は運送会社、碓氷グリーンセンター、グラウンドなどとしても利用されています。

安中市土塩《ひじしお》の乾窓寺《けんそうじ》には安中市指定天然記念物に指定されたモクセイがあります。この辺りに蛇喰《じゃばみ》という地名があります。乾窓寺の北東方向に崩れの跡らしきものがあり、湧水も見られます。先人の知恵で、蛇喰はかつての地すべり地に地名として残したものなのでしょう。ここから六〇〇メートルほど南南西の方向の尾根の北に大崩《おおぐい》という地名があります。平らな面が東北東方向に広がり畑地として利用されています。辺りの地質は新第三紀の泥岩からなりますので、この地層内の地すべり面に付けた地名と思われます。ここの湧水は水源となっています。

災害の跡が地名になり、生活に利用されてきた好例です。

■中島 啓治

3 地すべりはどのようにして止めるのか

その対策と私たちができること

地すべりは、山肌の斜面が人家や植栽地を載せたまま、ゆっくりとすべり落ちる現象です。通常は年間移動量もわずかで目に見えないほどですが、大雨や地震がきっかけになって急激に滑り落ち、大災害に発展することがあります。いったん活動が起きると、土塊の上の建物や道路といった施設などは傾いたり、壊れたりし、土中の水道管やガス管は破断され、多くの住民に被害が及びます。

地すべりの最初の兆候は斜面に亀裂を生じることから始まります。そこから水が浸入すると土塊が動きやすくなって、本格的な地すべりに発展することがあります。斜面で亀裂を見つけたら、行政に連絡して調べてもらいましょう。土塊の動きが大きくなると地面に滑落崖という段差を生じます。

群馬県では山地や丘陵にたくさんの地すべり地があります。高崎市の少林山地すべりは、都市近郊にあって、明治時代から昭和に至るまで何度も動いた活動的な地すべりで、特に昭和三十五年（一九六〇）の

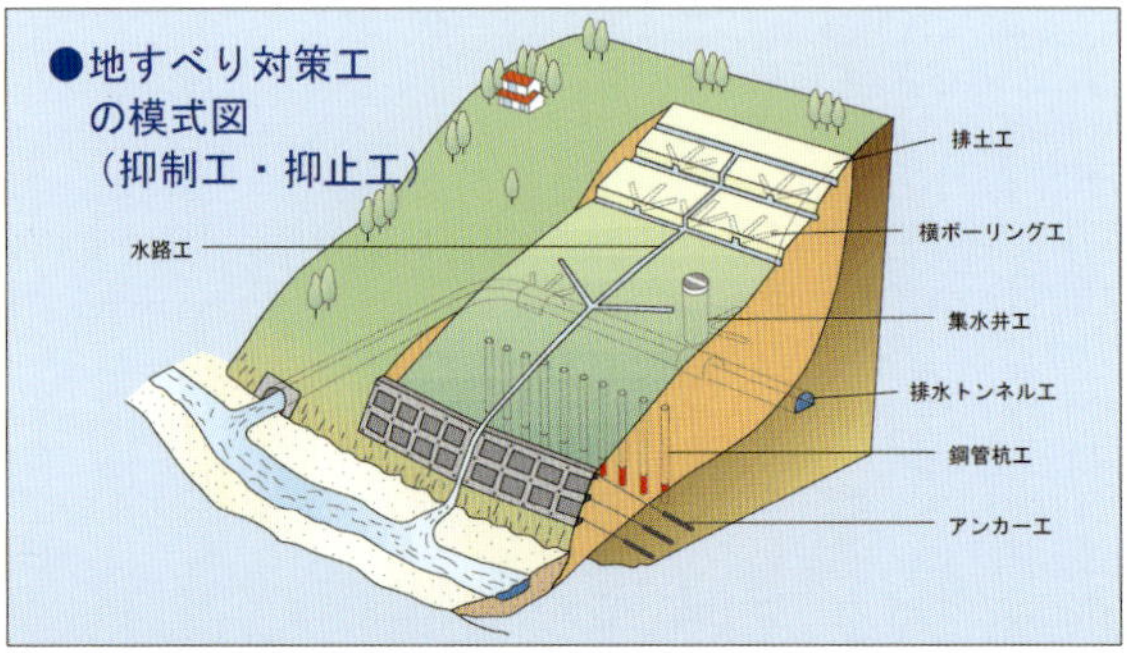

地すべり対策工事のいろいろ
（国土交通省阿賀野川河川事務所パンフレットより）

施工前（平成元年）　　施工中（平成七年）

建設省・群馬県発行「群馬の砂防」より

上方加重軽減工事前と施工中の少林山地すべり

地すべりでは、国道18号線を変形させるという事態に及びました。そこで、少林山地すべりでは地すべりの動きを止めるために、次のような対策が施されました。

降水や流水が地下に浸み込まないように地すべり地の沢の改修を行いました。六基の集水井や集水ボーリングや集水トンネルを設置して地下水を排水しました。地すべり運動を止める目的で鋼管の杭を土塊の下位にある動かない岩盤まで合計三五一本も打ち込みました。地すべり土塊上部を厚さ一〇〇メートル～二〇〇メートル近くはぎ取って軽くすることで滑り落ちる力を小さくしました。これらの工事には当時四〇億円余りの高額な費用がかかりました。このような高額な費用をかけたのには次のような事情があったのでしょう。

地すべり地の北端には国道18号が通り、交通運輸の要所で、経済的にも重要な役割をもっています。碓氷川は一級河川で、治水や利水に関わる安全性の確保は重要です。地すべり土塊の上にある少林山達磨寺は文化財として多面的な価値があります。さらに地域の保全や人の安全を確保することは最優先だからです。

■大塚 富男／吉羽 興一

4 江戸時代の雷除けの御守り

昔から続く人々の雷除け

落雷は一瞬にして人命を奪い、火災を起こす災害です。時代や地域に限らない災いで、上州では特に身近な存在で、日々の暮らしの中で遭遇することが多い災害の一つです。

お守りやお札は、逃れられない落雷の被害や恐怖から実害がないことを願う思いと、田畑の耕作を天水に頼ってきた人々にはさまざまな雷除け、雨乞いの伝承となっています。

各地の雷電神社で、落雷除けと雨乞いの信仰がなされています。群馬県では板倉町の雷電神社に、「雷除」の神札があります。西上州の安中藩には、次のような古文書が残されています。

Ⅰ　碓氷峠、日本武尊の東征の折の勧進が始まりとされる熊野神社の神職であった曽根家（あづまや）の文書に、「小林達三郎書状（天保一一年・一八四〇）七月一六日板倉勝明が大阪加番のため、道中雷除けの祈祷と懐中に入れられる御守りを依頼し、明日の通行の時に差し出すことを命じ、御初尾として

熊野神社社殿正面（安中市指定重要文化財）
（ふるさとの至寶：2011）

金百疋《ひっ》を納めている」（ふるさとの至寶：安中市学習の森ふるさと学習館二〇一二）の文書があります。

これは、峠を越えて旅をする者にとって、落雷は非常に危険な自然災害であり、また大雨で川が増水することによる川止めは日程の変更を余儀なくされることになります。天候に恵まれることを願い霊験あらたかな熊野神社の雷除けの御守りを入手して旅をしたことが伝わってきます。

II　安中市下後閑、碓氷郡の古刹である北野寺には、雷除御守護として発行した、「文化一一年（一八一四）三月安中藩の横井氏が井野家の奥向に取り次いだ御守りの残り」（井伊家と安中：安中市学習の森ふるさと学習館二〇一七）が残っています。

北野寺蔵（雷除護守護）（井伊家と安中：2017）

こちらは、江戸の井野家に持参した御利益のある雷除けの御守りですが、残りを発行した北野寺に戻したために、たまたま残っていました（写真）。普段は身に着けた御守りですので残っていないのです。この御守りから、今に続く先人の畏怖の念が伝わってきます。

この二点の古文書により、上州の古くからの雷信仰の民俗を時代をさかのぼって確認することができます。

雷雲が生まれる西上州の、由緒ある神社や寺の御守りが、より御利益があると考えられていたことがうかがえます。

■中島　啓治

5 中国の治水の神にちなむ　大禹皇帝碑を訪ねて

利根郡片品村・旧利根村の禹王の碑

利根郡片品村土出《つちいで》の片品川左岸に禹王《うおう》碑というものがあります。

西洋の技術を取り入れながら土木工事が行われた江戸期と明治期に主に集中し開発が進む一方で治水の必要性が高まった時代で、そこで治水に成功した禹王が日本に受け入れられたのでしょう。

禹王は古代中国の伝説的な帝で、中国最古の王朝、夏王朝の創始者です。黄河の治水を行った業績から、「治水の神」として知られています。現在まで、日本各地で、禹王に由来する碑や史跡が六〇カ所近く発見されています。片品村の大禹帝碑は中国の禹王陵の原碑・禹王碑に酷似した大変珍しい物として知られています。

片品村の石碑は、片品川に砂防ダムのなかった時代、大雨の度に大水が出て、田畑が水に浸かったり流失する被害がありま

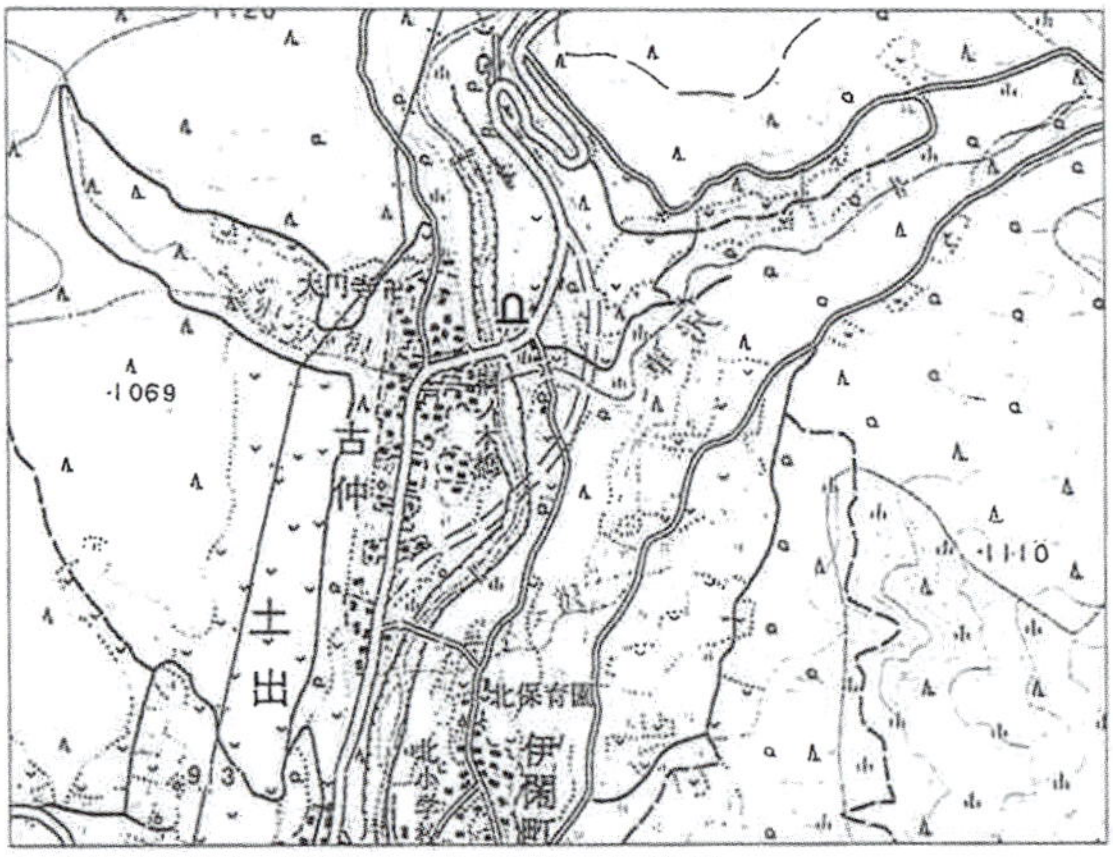

大禹皇帝碑（ ）の位置図　（2.5万分の1 鎌田）

大禹皇帝碑：片品村（松井雄司氏提供）

した。旧建設省の調べで、一六七七年〜一九七五年までに七九回でした。古仲集落の奥、古仲城址の下で川幅が三メートルと狭いので、流木による天然のせき止め湖ができ、これが決壊し大水となって下流の低地を襲ったのです。このように片品川は水害の多い川であるので、それに抗するために禹王にあやかって建てられたと思われますが、建立の理由や碑銘の起源について不明な点もあります。

泙川《ひらかわ》のものは、明治三十一年（一八九八）から昭和十四年（一九三九）まで足尾銅山のための坑木用材が大量に伐採されました。このため山地が荒廃して水害が発生、水田地帯が大被害を受けるようになりました。関係者が水害からの解放を祈願して建立したとも思われますが、動機や建立地については不明です。

片品村の「禹王碑」は、旧四〇一号線の古仲橋を渡り、五〇メートルほど先を片品川へ一〇〇メートルくらい入った河川敷の大きな岩石の上にあります。利根村（現沼田市）の「禹王碑」は、泙川中流の河岸段丘に位置する不動尊境内にあります。自然石の上に不安定な状態で置かれ、他から移したと思われます。

先祖が、田畑を守り地域の安全を祈願して建てた「禹王碑」を大切に伝えていきたいものです。

■中島 啓治

6 昭和十年高崎大水害

七士殉職供養塔　市民が建てた供養塔

高崎市片岡町二丁目の高崎市消防団西部方面隊第六分団の建物の脇に、大きな石造りの記念碑が立っています。

昭和十年（一九三五）九月二十五日から二十六日にかけて起きた烏川大水害で、住民の救援に向かっていた陸軍第一五連隊の兵士のうち七人が、碓氷川堤防の決壊による夜間の急な増水に巻き込まれて殉職しました。水害の悲劇を忘れないために、これら七人の兵士たちの供養にと、高崎市民が感謝を込めて、翌十一月に建立したものです。

九月二十一日ごろから降り出した雨は、二十四日から二十五日にかけて激しく降り続き、烏川上流の、高崎市倉渕町三ノ倉で四〇〇ミリを超え、碓氷川中流の、安中市で三〇〇ミリを超える降水量をそれぞれ記録しました。このため、碓氷川上流や烏川上流では山津波が発生しました。さらに、烏川や碓氷川は増水し、烏川と碓氷川が合流して高崎市を流れる烏川は、大増水になりました。

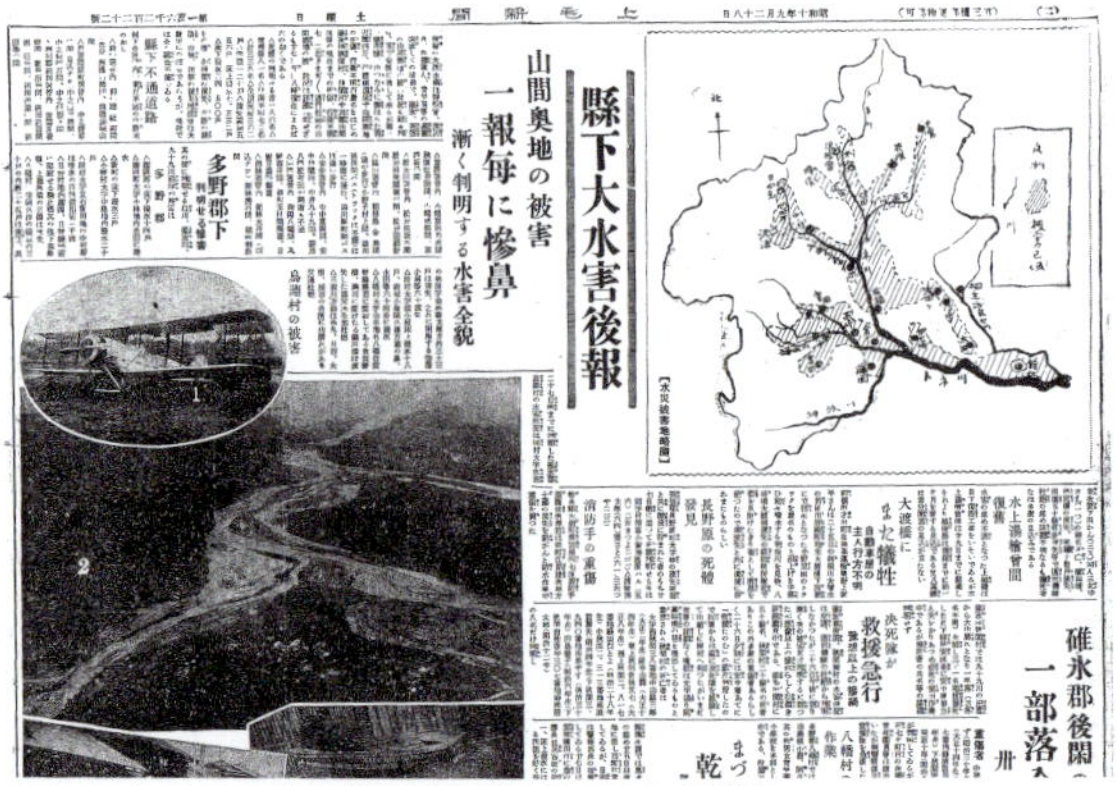
上毛新聞

縣下大水害後報

山間奥地の被害
一報毎に慘鼻
漸く判明する水害全貌

碓氷郡後閑
一部落

昭和10年の風水害を伝える9月28日付上毛新聞

二十五日には君が代橋近くの烏川左岸（東側）の堤防が決壊し、常盤町、歌川町、並榎町などの低い市街地に濁流が流れ込み、広い範囲が浸水し、一千数百戸の浸水家屋を出したと、新聞で報道されています。

浸水した地域の住民救出のため、未明の暗闇に兵士一〇人が出動しました。二十六日には観音山寄りの碓氷川右岸の堤防が決壊し、そこから雁行川の合流点に達する広範囲に濁流が流れ込みました。出動した兵士たちは暗闇の中で、突然の増水に襲われました。三人は助かりましたが、七人は犠牲になってしまいました。殉職した七人の兵士は県内出身の若者ばかりでした。

高崎市片岡町二丁目に立つ七士殉職供養塔

供養塔の裏側に「昭和一〇年一一月二六日建之、高崎市民一同、など」と刻まれています。

筆者は子どもの頃から、この供養塔にまつわる水害の話を親から聞いて育ちました。

災害の記念碑や供養塔は、当時の人たちが、そこに住む将来の人々に災害の危険性を伝えるメッセージとして残していることに気付きました。

現在は、土手や堤防が築かれ、決壊の心配は少なくなってきました。しかし、近年の異常な集中豪雨による災害を考えると、供養碑の教えを忘れずに注意を払っていく必要があります。

■山岸 良江

7 生きている化石ヒメギフチョウ

蝶の保全は環境保全

ヒメギフチョウは、アゲハチョウの祖先種の特徴をもつ小型のチョウで、日本では北海道や本州中部～東北地方の涼しい山地に生息し、関東地方では赤城山の一部にのみ生息しています。一年に一回、早春に妖精のように現れ、夏の前に姿を消す、氷河期の生き残りのチョウと言われています。赤城山のヒメギフチョウは「赤城姫」の愛称で親しまれ、愛好家や「渋川市立南雲小学校」などの保護活動で守られてきました。それが、生息地の環境の変化などで絶滅の危機にあります。赤城姫は昭和六十一年(一九八六)に群馬県教育委員会によって群馬県指定天然記念物に指定されました。さらに、平成十八年(二〇〇六)には環境省により絶滅危惧種に選定されています。

幼虫の食草はウマノスズクサ科のウスバサイシンです。ウスバサイシンは林の中の湿った地面に生える丈が低く目立たない草ですが、ヒメギフチョウの繁殖にはなくてはならない植物です。みやま文庫『赤城山』には「天災と人災の両面から衰退の一歩前までにきた

右図)ウスバサイシン(矢印がヒメギフチョウの卵)
左図)ヒメギフチョウとカタクリの花(松村行栄氏提供)

ものにヒメギフチョウがある」とあります。一年に一回しか繁殖しないのに、蝶採集家たちが考えなしに押しかけて乱獲してきました。また、ウスバサイシン群落が登山道開発によって荒らされたり、モーターバイクリストによって踏みにじられたり、カスリーン台風による大規模な山地崩壊によって表土が流されたことで群落の適地が大きく縮小しました。ウスバサイシンしか食べないヒメギフチョウの繁殖の場所が失われてしまっています。現在はきわめて限られた場所でしか繁殖が行われていないのです。

渋川市立南雲小学校の児童によるドングリの木の植樹

成長して無事羽化したヒメギフチョウは、地面に近い位置に花を咲かせる、カタクリ、ショウジョウバカマ、ハルリンドウ、スミレ、ウスバサイシンの花の蜜を吸って生きています。ウスバサイシンもまた、氷河時代の生き残りの植物です。このチョウと植物は一万年前に氷河時代が終わり、冷涼な地域に逃れて生きてきました。

これらの貴重な生き物の保全は、とりもなおさず環境の保全につながります。

翻って私たちの生存にも同じことが言えるのです。一度絶滅した生物は二度と地球には戻ってこないのです。

■中島 啓治

8 萩原朔太郎も見ていた広瀬川の変化

望郷詩の秘密

昭和三十年（一九五五）代の前橋には、鯉《こい》の養殖池があり、そこでは広瀬川の水を引いて利用していました。広瀬川の水質汚濁は大量の鯉の死という産業被害を引き起こしました。

萩原朔太郎の詩に「広瀬川」があります。

「広瀬川白く流れたり　時さればみな幻想は消えゆかん　われの生涯を釣らんとして　過去の日　川辺に糸をたれしが　ああかの幸福は遠きにすぎたり　ちいさき魚は眼にもとまらず」

従来の解釈は、広瀬川の川辺の製糸工場からの白い水が流れ込んでいた、ちいさき魚の泳ぎは早くて眼に止まらないということのようです。

吾妻川が中和工場・品木ダムにより水質が改善されたのは昭和三十八年（一九六三）以降です。それ以前は吾妻川から、ときに強い酸性（pH四・三）、あるいは白濁の水が取入口から広瀬川に流

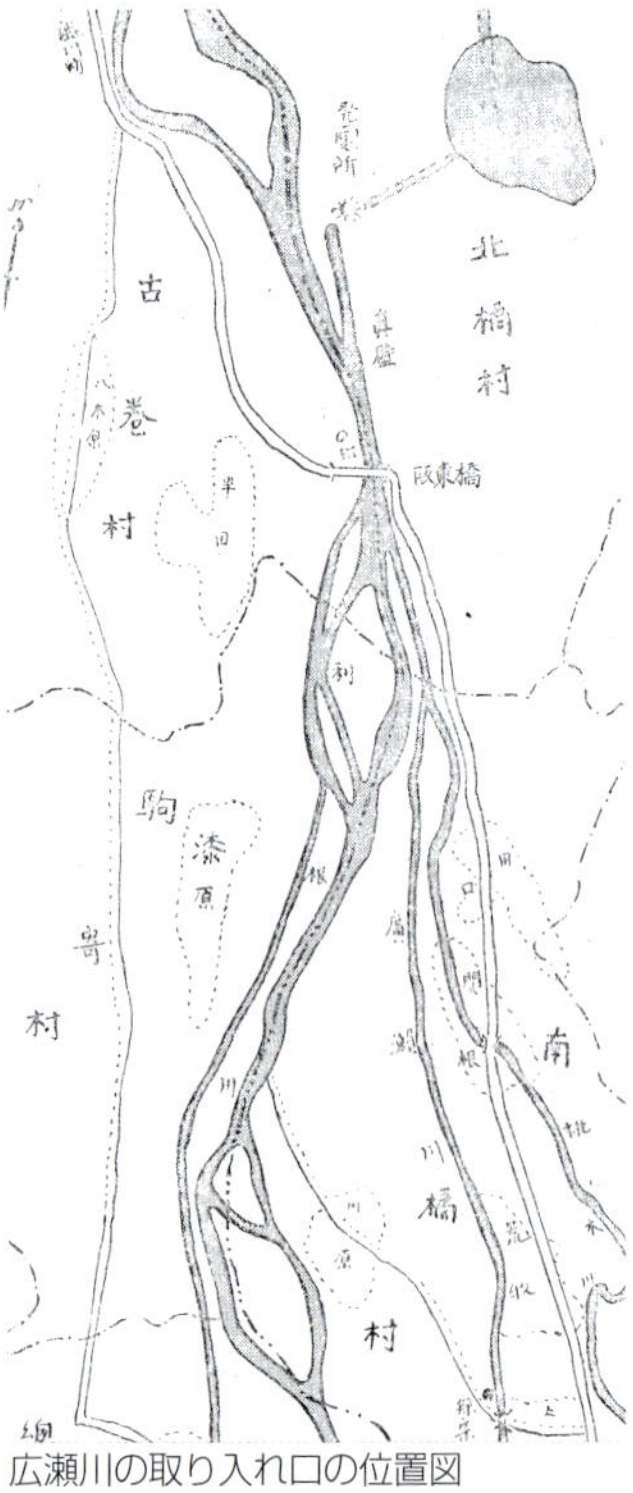

広瀬川の取り入れ口の位置図
（昭和10年頃）群馬県水産試験場報告第4号 p.79第15図

れたことがありました。

純情小曲集の自序(一九二四春)では、広瀬川を含む「郷土望景詩」十編は、比較的に最近の作であると述べています。大正年間(一九一二―一九二六)の一九二四年の春以前の吾妻川に降灰をもたらした、草津白根山、浅間山の活動を調べると、大正九年(一九二〇)の浅間山爆発、大正十年(一九二一)の浅間山の可能性があります。一九二〇年十二月十四日(午前五時三分)の爆発で前橋に降灰が四二・六グラム/平方メートル、冬型の気圧配置で快晴または晴れでした。一九二一年六月四日(午後五時六分)の爆発では前橋に降灰が一一〇・二グラム/平方メートルと灰白色をして多量でした。高気圧に覆われ快晴でした。

前橋文学館の前を流れる現在の広瀬川

浅間山の火山灰で白濁した吾妻川の河水が、吾妻川から広瀬川に流れ込んだのは、冬季で河川の水量が少なかった一九二〇年十二月十四日よりも、梅雨で水量が多かった一九二一年六月四日だったと考えられます。この六月四日の火山灰は浅間山から前橋まで広域に降っています。爆発後の六月五日午前には白濁した河川水は吾妻川から広瀬川に達していたと考えられます。

朔太郎は大正十四年(一九二五)に、鎌倉に居を移すまで広瀬川の辺りを散歩していました。自然科学的な目で「広瀬川」の詩を読むと、浅間山の災害の現象を映した詩ということを推し量れます。古文書や昔の文学に記録された出来事でも科学的な目で見直すと、自然の営みを知る手掛かりとなるのです。

■中島 啓治

9 温暖化対策は今や待ったなし

転ばぬ先の「予防原則」

持続可能な発展とは、現世代が将来世代の利益と要求を充足する能力を損なわない範囲内で、環境を利用し要求を満たしていこうという理念です。地球環境問題は、以下の①から③の性格を持っています。①将来世代のために環境を保護する②科学的な証明がなくても対策を行う「人間の出す温室効果ガスの増加で気候変動が起こるという仮説の科学的な確実性についての証明が十分でなくても、危ないと思った場合はすぐ予防に向けて動け！」。予防措置をとることを延期する理由とすべきでない」ということです。持続可能性の科学、環境の科学は問題解決型です。いったん消滅すると取り戻せない人命・自然を対象にしていますから、予防的に手を打つ必要があり、事実認識を旨とする従来科学では主流になかった予測の科学が重要になっています。

③先進国に大きな責任はありますが途上国の協力も必要です。最近では、かつての途上国の中には急速な経済発展により産業活動の規模も消費生活の水準も先進国に近づいている国もあります。先進国と途

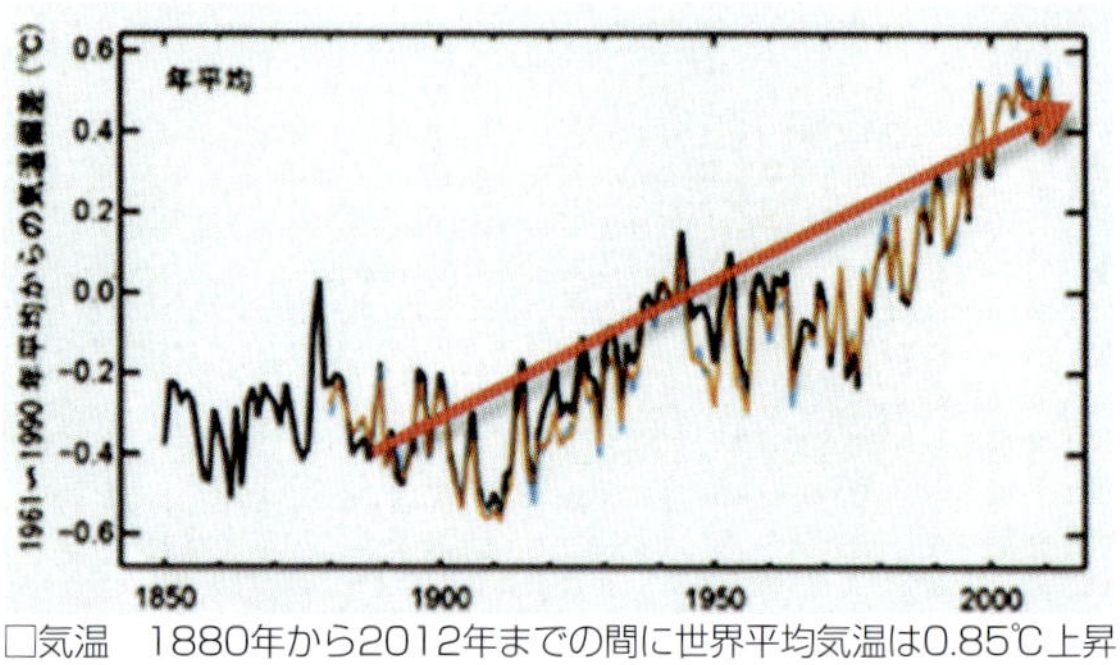

□気温　1880年から2012年までの間に世界平均気温は0.85℃上昇した。（気象庁 HP より引用）

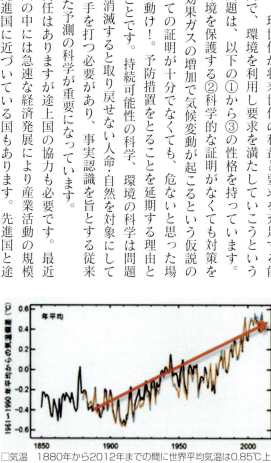

上国という分け方を超えた取り組みなしでは、地球環境問題は解決できなくなっています。

ＩＰＣＣ（気候変動に関する政府間パネル）は、気候変化とその影響や防止対策に関する研究者・専門家の会合で、二〇一四年に出された第五次報告書には「温度上昇は加速しつつあり、すでに地球のシステムに大きな変化が起きている。温度上昇は人間が放出する温室効果ガスによることはほぼ間違いなく、温暖化の進行でさまざまな被害が予測される。気候の安定化は、技術進歩を加速し速く対応すれば可能である」としました。

環境問題が解決しない理由は、①人々が快適さや便利さを追求する　②長期的で広範囲である　③利害関係が複雑である　④対策の効果が見えにくい　⑤他の社会問題に比べて優先順位が低いことなどがあります。

環境はすべての人の参加でしかよくなりません。私たちが自然の一員であるという認識と自然への畏敬の念が必要です。

■中島　啓治

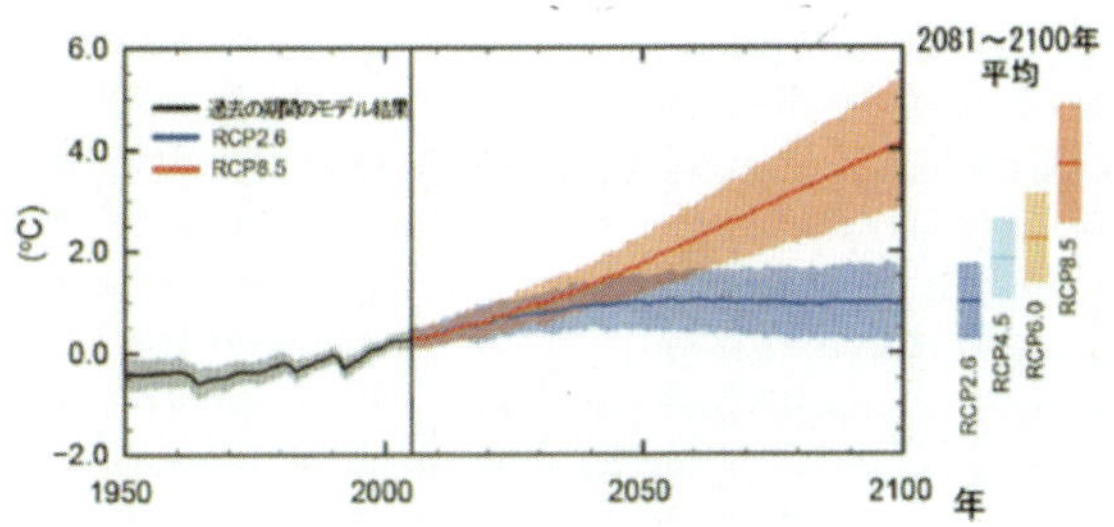

□気温　世界平均気温は、1986－2005年平均に対して21世紀末に最大で4.8℃上昇する。（環境省 HP より引用）

10 20世紀後半から21世紀の災害
地殻も大気も変動の時期

私たちの身近な自然は、戦後の経済成長期の急激な都市化で、最近の三〇～四〇年間は、水田だったところを埋め立て丘陵を削って宅地とするなど、地形が変えられ、地震や洪水の被害を受けやすいところが増えてきました。

二〇世紀後半の日本列島は比較的災害が少なく、大地震や火山噴火も少ない時期だったとも言われます。火山災害では、江戸時代の二六〇年足らずの間の人口の少ない当時でも一万六〇〇〇人以上の人が犠牲になっています。

東日本大震災は、千年ぶりで起きた大きな地震災害で、現在の状況は九世紀の平安時代とよく似ていると言われます。平安時代（七九四年―一一九〇年ごろ）は、八一八年の弘仁の地震、M7・5以上、関東諸国で地震、死者多数。八六九年の貞観の三陸沖地震、M8・3、地震に伴う津波（貞観津波）の被害が甚大で死者約千人、三陸沖の巨大地震とみられます。八

地震で崩れた盛り土堰堤（藤岡）

八七年には仁和の地震、M8~8・5、被災地は五畿・七道の大地震で京都・摂津を中心に死者多数、津波ありと記録される、南海トラフ沿いの巨大地震と思われます。「これらのことや観測などから、近い将来に、首都圏直下型地震や東海・東南海・南海の三連動型地震が起きる可能性が高いと言われているのです」

「暴風・台風と洪水」は、二〇〇〇年ごろから顕著に増えています。また、年平均気温の平年差では、一九九〇年ごろからプラスの傾向となっています。

気象衛星「ひまわり」赤外画像（平成29年9月1日9時）
近年大型化する台風の衛星画像（気象庁）

台風は、一九六〇~一九八九年代の三〇年間は、死者・不明が一〇〇人以上に及んだのは、昭和三十六年（一九六一）の第二室戸台風、昭和五十一年（一九七六）の台風17号、昭和五十四年（一九七九）の台風20号などの六つだけでした。

さて、平成二十三年（二〇一一）三月十一日に発生したM9・0の巨大地震は、東北地方の太平洋岸を襲い、津波による未曽有の大災害をもたらしました。群馬県内でも、瓦屋根への建物被害が多数みられ、私たちの住む大地への関心が高まりました。

身近な地域の環境の変化を自分で捉え、理解し、対応していくことは必要です。地域の自然の成り立ちと特徴を知り、生活への影響なども考えることは大切です。

■中島 啓治

11 利根川水系の水質事故

水資源の大切さ

平成二十四年(二〇一二)五月十七日、利根川水系の浄水場で水質基準を超えるホルムアルデヒトが高濃度で検出されました。

そのため、利根川水系の一部の浄水場では取水停止等の措置が取られ、広範囲で断水しました。主な原因物質は、ヘキサメチレンテトラミンでした。一都四県の浄水場で取水停止が生じ取水障害が発生しただけでなく、五月十九日から二十日にかけて千葉県の五市で最大計三四万世帯余りが一時断水した大規模な水質汚濁事件でした。

原因物質を排出した高崎市の廃棄物業者はヘキサメチレンテトラミンを含む廃液は排水処理では処理できないので、焼却処理しかないことを認識していました。しかし、廃棄物運搬業者の紹介で

JOMO SHINBUN　2012年(平成24年)5月20日

ホルムアルデヒド基準超え

3県で取水停止

烏川の処理水高濃度

埼玉県で水質基準を超える有害物質ホルムアルデヒド=豆字典=が検出された問題で、群馬、千葉両県も19日までにホルムアルデヒドを検出し、3県は計5カ所の浄水場で取水や給水を一時停止した。千葉県では5市で計34万世帯以上が断水。高崎市の烏川の水を処理して検査したところ、濃度が比較的高いホルムアルデヒドを検出したことから、県は上流の河川と化学メーカーの排水の計8カ所の水を検査し、汚染源の特定を急いでいる。

関連記事 3、19面

千葉県知事は19日、自衛隊の災害派遣を要請。政府は首相官邸の危機管理センターに情報連絡室を設置した。

ホルムアルデヒドは樹脂や合成ゴムを製造する際に使われる「ヘキサメチレン

水質基準超えの有害物質を検出したか、取水を停止した浄水場

高崎市内を流れる烏川=19日午後、共同通信社ヘリから

ホルムアルデヒト事故を報じる上毛新聞2012.5.20付

は含有されている事実を知らないまま、処理方法を排水処理で行ったことにより「事故」の状況に至りました。原因物質に対応していない施設で処理した排水を利根川支流烏川に放出したようです。ヘキサメチレンテトラミンは、銀粉の製造過程で発生し、浄水場で使われる塩素が加わるとヘキサメチレンテトラミンホルムアルデヒトに変わります。

事故の発生以前には十分な知見が得られていませんでした。このような物質に対する知見の収集や対策の必要性が課題として抽出されました。二〇一二年六月にヘキサメチレンテトラミンは、ヘキサメチレンテトラミン水質汚濁防止法で定める指定物質として定める措置が講じられました。

生活混乱 募る不安

水求め行列

県営浄水場の県央第一水道（榛東村）の水道水から原虫のジアルジアが検出された問題で、同水道から水の供給を受ける前橋、高崎、吉岡、榛東の4市町村は27日、住民への注意喚起や問い合わせへの対応などに追われた。生水を飲まないよう県が呼び掛けたことで、4市町村では市民がペットボトルの水を大量に買い求めるなど生活に混乱も。県が26日以降に行った同水道と4市町村への給水地点の検査ではジアルジアは検出されず、県企業局水道課は「基本的に生水を飲んでも問題ない」とするが、流入経路は不明のままだ。

流入経路特定できず　県央4市町村

水道から原虫ジアルジア

原因究明に向け、県環境保全課は27日、沼田市など5カ所で同水道が水を取り込んでいる利根川の水質調査を行った。4市町村は同日中に独自に安全宣言したが、県は当面同水道での検査を継続し、安全を宣言できるかを見極める方針。

水道課には同日朝から、県民からの問い合わせが殺到した。県央第一水道の利用地域に関する問い合わせが中心で「下痢気味だが感染したのではないか」「すでに水を飲んでしまったが大丈夫か」などの内容が多かった。

前橋市は同日朝、市教委が全小中学校に原虫検出の情報を伝えた上で、対象区域の学校の保護者向けに、水筒の持参などを呼び掛けるメールを配信した。高崎市教委も市内の全小中学校などに向け、緊急の対応をメールで配信。県の検査結果を受け、解除のメールを流したが、給食の果物の皮を洗うことができず、メニューを一部変更した給食センターもあった。

「フレッセイ大利根店」（前橋市下新田町）では開店前から水を求める客が列をつくり、2ℓペットボトル500本以上が午前中で売り切れた。「クスリのアオキ江田店」（同市江田町）でも店内の2ℓペットボトル6本入りのケースは約60箱が30分ほどで売り切れ、

原虫ジアルジア検出を報じる上毛新聞2013.2.28付

利根川下流で水を飲む人々には、利根川の水の汚染・汚濁は重大な関心事なのです。平成二十五年（二〇一三）二月二十七日には「群馬の水道水に寄生虫　煮沸を」、二〇一二年一月二十七日には「群馬の沼で魚一万匹が大量死」の記事にもあるように、本県の水にもひたひたと危機が迫っていることが分かります。

水源県として水の汚染や汚濁について責任を持つことに、もっと関心を高めたいものです。

■中島 啓治

12 災害対策は教育の力で

自分で判断・行動する知識を身に付けよう

平成二十三年（二〇一一）三月十一日の東北地方太平洋沖地震による東日本大震災の時、釜石での小中学生の津波の避難率がほぼ一〇〇パーセントだったことはよく知られています。

津波を起こす地震の性質、津波の到着時間を知っていることで、災害情報に頼らなくても避難できると言われ、防災教育・訓練の重要性が指摘されます。これは、元群馬大学理工学部の片田敏孝教授による熱心な指導を生かして、自分の判断や教師の指示などにより「想定にとらわれるな」「最善を尽くせ」「率先避難者たれ」という『避難の三原則』を子どもたちが忠実に守った結果とのことです。

平成二十六年（二〇一四）八月二十日に豪雨により広島市で大規模土砂災害が起きました。

刺激された秋雨前線からの集中豪雨、積乱雲が連続的に発生する線状降水帯の停滞によって、広島市の二四時間雨量は、観測史上最多の二五七ミリという記録的な大雨となりました。広島県は花こ

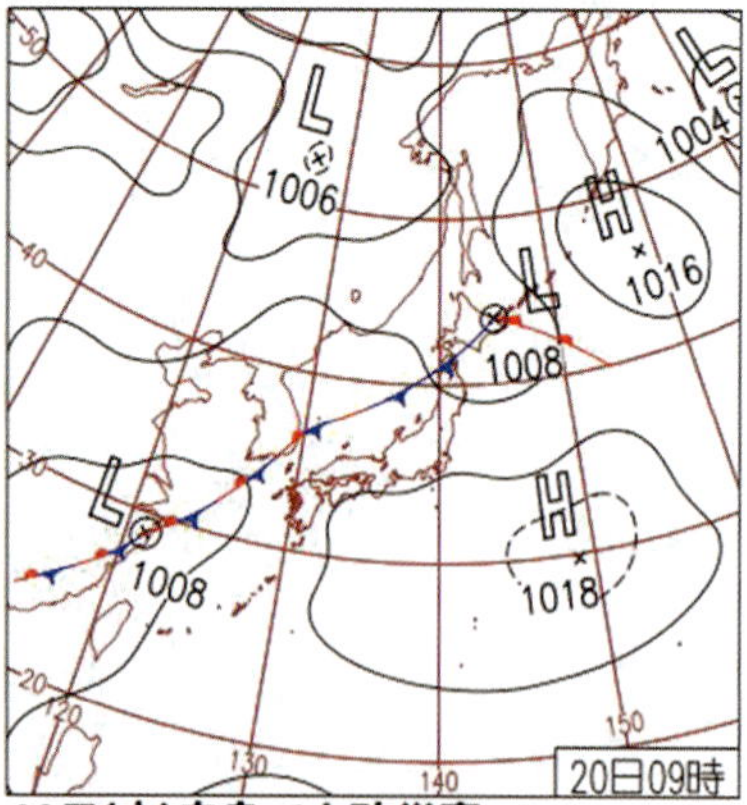

20日(水)広島で土砂災害

前線や前線に流れ込む湿った気流により西日本、東北で大雨。広島市内は一部地域で雨が強まり、安佐北区三入で101mm/1h、史上1位を更新。長崎県西海市大瀬戸でも93.5mm/1h。

2014年8月20日の天気図
（気象庁 HP　日々の天気図より）

う岩が広く分布し、風化して水分を含みにくい「まさ土」になります。大量の雨は深層にまで浸透して流れ下り、花こう岩の固い地盤をも流出しました。甚大な被害の出た安佐南区八木地区は、旧名を「八木蛇落《やぎじゃらく》地悪谷《ちあくだに》」という地名で、昔の人が、大雨で土砂崩れの起きる「土地のくせ」を地名で伝えていたのです。

平成二十七年（二〇一五）九月十日から十一日にかけて、鬼怒川決壊が報道された関東・東北豪雨は、日本海を進む温帯低気圧と、東の海上から接近していた台風17号の影響で線状降水帯が発生したために大雨となり、各観測所で観測史上最多雨量を記録しました。似たような現象は、これから日本中のどこでも起こり得るのです。

安佐南《あさみなみ》区　八木《やぎ》地区・緑井《みどりい》地区

広島豪雨災害の航空写真（国土交通省砂防部資料より）

近年は雨の降り方が変化し「局地化」「集中化」「激甚化」しています。いつどこで、どんな現象が起きても不思議でない「新たなステージ」と捉えて、最悪の事態も想定しながら、防災・減災対策に取り組むことが必要となってきました。それは経験で判断するのではなく、知識に基づいて自分の判断で行動することを教育で伝えることが重要です。

片田教授の教えるように、「最後に頼れるのは、一人ひとりが持つ社会対応力であり、それは教育によって高めることができる」のです。

■中島　啓治

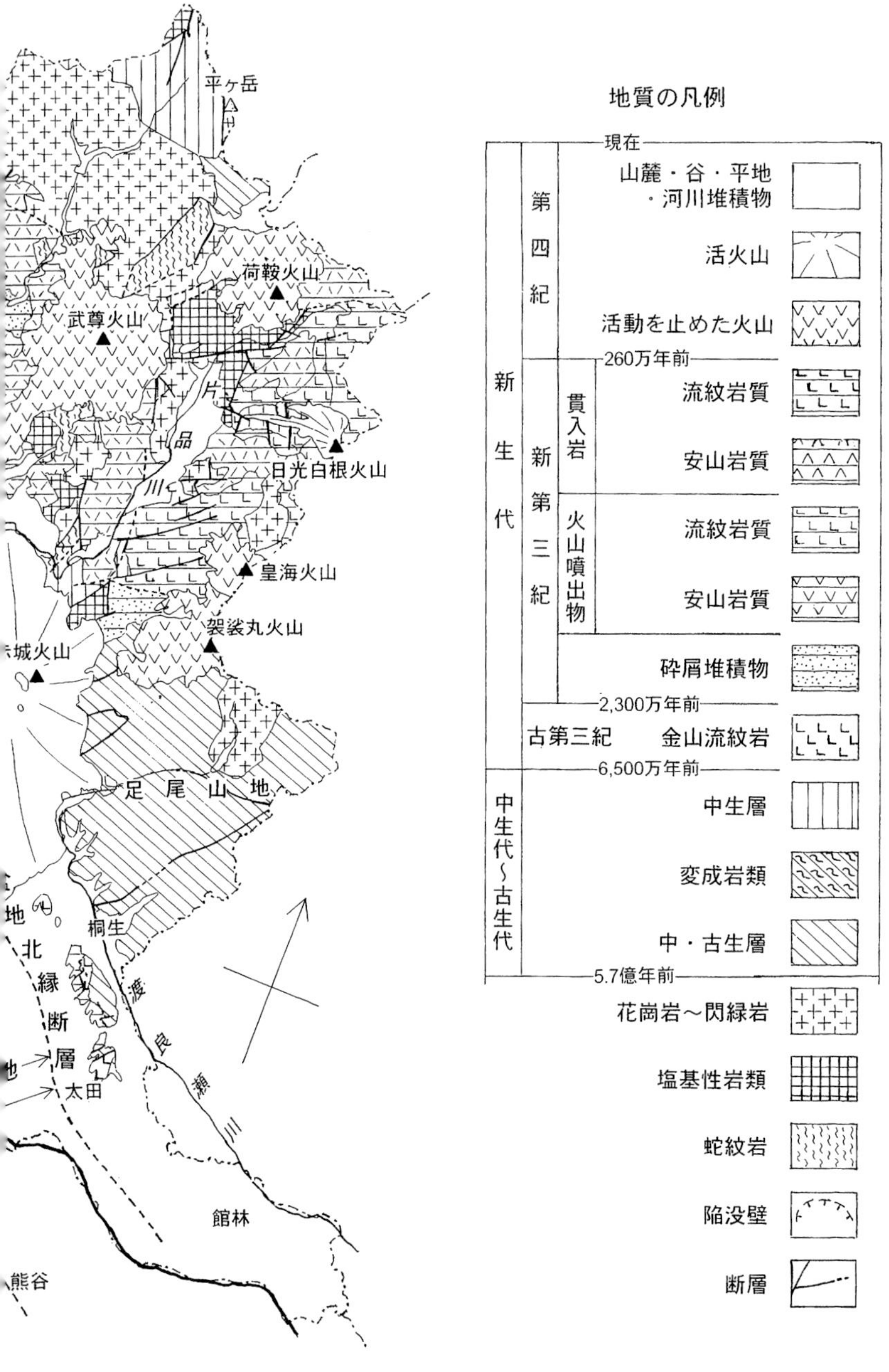
平ヶ岳
荷鞍火山
武尊火山
片
品
川
日光白根火山
皇海火山
袈裟丸火山
城火山
足　尾　山　地
桐生
北
縁
断
層
太田
渡
良
瀬
川
館林
熊谷
地質の凡例
現在
第四紀
山麓・谷・平地・河川堆積物
活火山
活動を止めた火山
260万年前
新生代
新第三紀
貫入岩
流紋岩質
安山岩質
火山噴出物
流紋岩質
安山岩質
砕屑堆積物
2,300万年前
古第三紀
金山流紋岩
6,500万年前
中生代〜古生代
中生層
変成岩類
中・古生層
5.7億年前
花崗岩〜閃緑岩
塩基性岩類
蛇紋岩
陥没壁
断層

群馬県地質図

この図は「群馬県10万分の1地質図」（群馬県地質図作成委員会、1999）を簡略化し、前橋－熊谷堆積盆地（武井・野村、2006）の地下構造を加筆したものである。

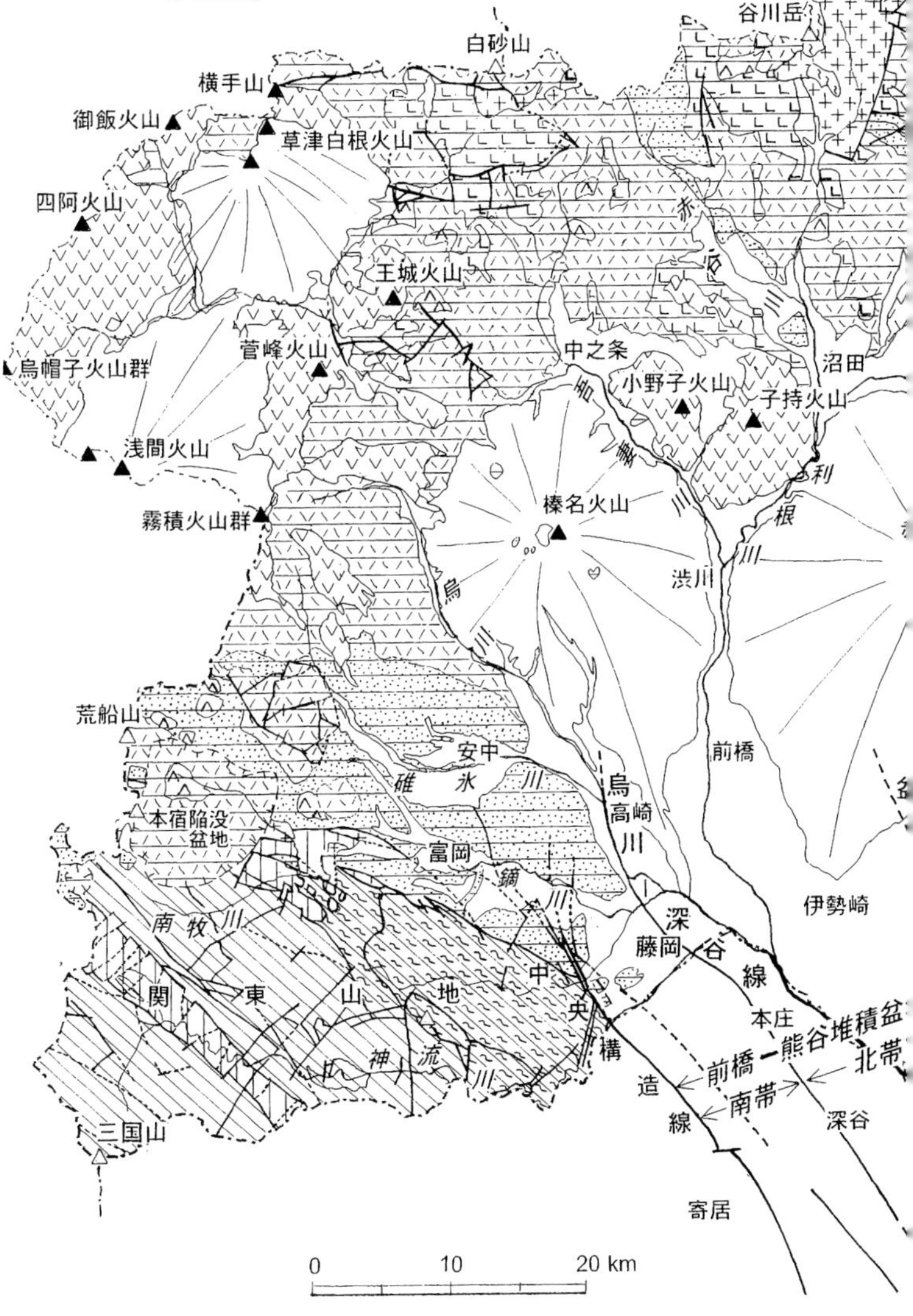

2	稜線	りょうせん	山の峰から峰へと続く線。尾根。
42	類聚国史	るいじゅうこくし	菅原道真の編纂により、892年(寛平4年)に完成·成立した歴史書
113	連合共進会	れんごうきょうしんかい	明治時代に開催された地方博覧会。

88	氷河時代	ひょうがじだい	地球上を氷河が広くおおった時期で、現在に最も近い氷河時代は約2万年前が最盛期だった。
74	非溶結	ひようけつ	溶結していないところ。→溶結凝灰岩を参照
10	フェーン現象	フェーンげんしょう	湿って高温の気流が山を越えながら雨や雪を降らせ、乾いた高温の風として吹き下ろす現象
134	藤田スケール	ふじたスケール	竜巻の強さを表す尺度で、被害の大きさで決める。F1は風速39～52m/秒に相当する。F0からF5までの6段階ある。気象庁では日本版改良のJEFも使用。
142	ブロッキング高気圧	ぶろっきんぐこうきあつ	偏西風の進路をふさいでいるため、低気圧や高気圧の移動を阻止している高気圧。
43	噴砂	ふんさ	地震による震動で砂が水とともに噴出する現象
63	変局部	へんきょくぶ	変異が起きているその場所。
69	変状	へんじょう	変わったありさま
142	偏西風	へんせいふう	北緯30度から60度付近の中緯度上空にみられる、いつも吹いている西から東に向かう風のこと
表紙カバー袖	放射年代	ほうしゃねんだい	地質時代の古さを経過年数で表す方法で、放射性元素の半減期が元素によって一定であることを利用して、地層や岩石ができてからの年数を測定したもの。絶対年代。
152	放射冷却	ほうしゃれいきゃく	空気がよく澄んでいるので地表からの放射熱が効率よく放射するため地表が低温になる現象
103	櫓	やぐら	城郭の構造物の一種で、土塁の上に木造建築物を建て、攻撃と防御の拠点とした施設。
97	山津波	やまつなみ	山崩れなどでせき止められていた大量の土砂が水とともに一気に流れ下る現象で土石流の一種。先頭に巨岩があることが多く、破壊力が大きい。
18	溶岩ドーム	ようがんドーム	火山から粘りけの強い溶岩が押し出されてできたドーム状の地形
74	溶結凝灰岩	ようけつぎょうかいがん	高温の火山灰、軽石などが噴出され降下したのち堆積、再溶融し圧縮され、固結してできる凝灰岩。火砕流の噴出でよく生じる。固くなっている。
69	利水設備	りすいせつび	水門扉や導水路など水利用の利便性のために設置する施設

3	中生代	ちゅうせいだい	2億5200万年前から6600万年前までの期間　地質年代表参照
51	低位段丘	ていいだんきゅう	50万年前～20万年前にできた段丘を高位段丘、13万年前にできた段丘を中位段丘、それよりも新しい段丘を低位段丘とよんでいる。
92	鉄砲水	てっぽうみず	山崩れなどで河川がせき止められ天然ダムが形成され、何らかの原因で決壊すると多量の水が流れ下る現象で、水害の原因となる。
158	天気俚諺	てんきりげん	天気に関することわざ
4	土石なだれ	どせきなだれ	泥や岩石のかたまりが斜面を流れ下る現象。天明の浅間山噴火で発生した鎌原土石なだれで初めて定義された語。比較的低温の火山性泥流の一種。
5	土石流	どせきりゅう	土砂が水と混合して河川や渓流を流れ下る現象
6	内陸直下型地震	ないりくちょっかがたじしん	内陸部にある活断層の活動などにより発生する地震で、震源が浅く規模Ｍは小さいことが多いが、震源直上では被害が大きい。
5	流れ山	ながれやま	山体崩壊によって崩れ落ちた膨大な量の土砂の塊が山麓につくる小山のこと
142	南岸低気圧	なんがんていきあつ	日本の南海上を発達しながら東から北東の方向に進む低気圧。冬から春にかけて発生しやすく、太平洋側の地域に雪や雨を降らせる。
62	野殿層	のどのそう	板鼻層の上位に重なる火山性の第四紀更新世中ごろの地層。
10	梅雨前線(秋雨前線)	ばいうぜんせん	日本列島付近で初夏にアジア大陸からの低温の空気と太平洋高気圧からの高温の大気が接してできる空気の境界で、雲が発生しやすいので雨天の日が多くなる。停滞して長雨になる。
70	破砕帯地すべり	はさいたいじすべり	地殻運動による歪力を受け破砕された地域に発生、結晶片岩地すべりも含む
155	ヒートアイランド現象	ヒートアイランドげんしょう	都市部では人工的な発熱があるため気温の上昇が著しくなる現象
79	俵	ひょう	米や麦など農産物を入れる藁製の容器の大きさから始まった体積による単位。米は1俵＝60kg

3	新生代第四紀完新世	しんせいだいだいしきかんしんせい	1万年前から現在までの期間　地質年代表参照
3	新生代第四紀更新世	しんせいだいだいしきこうしんせい	258万年前から1万年前までの期間　地質年代表参照
72	新第三紀	しんだいさんき	新生代新第三紀のこと
24	水蒸気爆発	すいじょうきばくはつ	地下水などが非常に高温の物体(マグマなど)に触れて気化し爆発する現象。
133	積乱雲	せきらんうん	強い上昇気流によって鉛直方向に発達する雲で、夏の入道雲もその一種。雷をともなうことが多い。
10	脊梁山脈	せきりょうさんみゃく	ある地域の背骨にあたるような大山脈で、分水嶺になる。
104	先行谷	せんこうこく	河川の中流域の台地で、その流路に沿って存在する渓谷などの地形。
10	線状降水帯	せんじょうこうすいたい	次々と発生する発達した雨雲(積乱雲)が列を なして、組織化した積乱雲群によって、数時間にわたってほぼ同じ地域に大量の降水をもたらす範囲。線状降雨帯と同じ。
74	帯水層	たいすいそう	地下の地層で、構成粒子の間にすきまがあり水をよくためられる地層。
3	台地	だいち	周囲の平地より一段と高い台状の地形になっているところ
11 138	ダウンバースト	ダウンバースト	ある種の下降気流であり、これが地面に衝突 した際に四方に広がる風が災害を起こすほど強いものをいう。
10	竜巻	たつまき	積乱雲の下で地上から雲へと細長く延びる高速で渦巻き状の上昇気流。突風の一種で寿命が短い。
160	段丘崖	だんきゅうがい	河岸段丘や海岸段丘で、上位の段丘面との境にできる急傾斜の斜面をいう
69	治山構造物	ちさんこうぞうぶつ	治山ダム、土留工、護岸工など、地すべりなど斜面崩壊箇所の荒廃を復旧させるための施設
9	地盤沈下	ちばんちんか	地下水の過剰なくみ上げが原因で軟弱な泥岩層が押しつぶされ、地表が沈む現象
7	地盤の液状化	ちばんのえきじょうか	地震の強い振動で地盤を構成する粒子が多量の水と混合して、液体のように振る舞う現象
160	中位段丘	ちゅういだんきゅう	→低位段丘

20	岩屑なだれ	がんせつなだれ	火山体などの不安定な部分が崩壊して表層なだれのように高速で崩れ落ちる現象
107	幹川	かんせん	本流。
25	鎌原熱雲	かんばらねつうん	天明3年の浅間山噴火で噴出したとされる比較的小規模な火砕流のこと。
70	基盤	きばん	土台
67	凝灰岩	ぎょうかいがん	火山灰が固結してできた堆積岩
38	強酸性	きょうさんせい	酸性度を表す数値が草津温泉ではpH2.2の酸性になっている。
58	群発地震	ぐんぱつじしん	比較的狭い震源域で断続的に地震が頻発する現象。
51	構造線	こうぞうせん	地質構造上2地区に区分できるような大規模な断層。活断層とは限らない。
88	谷底平野	こくていへいや	山間部の河川で浸食よりも堆積作用が上回ると谷に沿った細長く平らな平野ができる
78	谷頭	こくとう	谷の最上流部のこと
3	古生代	こせいだい	5億4100万年前から2億5200万年前までの期間　地質年代表参照
120	自然堤防	しぜんていぼう	河川の流路に沿って、流れてきた土砂が堤防のように堆積した丘状の高まり。
85	実効雨量	じっこううりょう	降った雨が時間の経過とともに、浸透･流出することで変化する土中の水分に相当する量
11	霜	しも	空気中の水蒸気が0℃以下に冷えた物体の表面に触れて氷の結晶として昇華したもの。
77	集水井	しゅうすいせい	地すべり地域の深層部で最も地下水が集中している付近に縦井戸を設置して、地下水を集水及び自然排水させる井戸。
5	衝撃波	しょうげきは	爆発によって生じる不規則な大気の圧力の変化が音速より速く伝わる現象。破壊力がある。
22	条理水田	じょうりすいでん	日本で古代からおこなわれていた農地の区切りで、班田収授の法を起源としており、1辺109㎝に区切られている水田。
3	新生代新第三紀	しんせいだいしんだいさんき	2303万年前から258万年前までの期間 地質年代表参照
66 68 78	新生代新第三紀中新世	しんせいだいしんだいさんきちゅうしんせい	2303万年前から533万年前までの期間 地質年代表参照

用語解説　※本文中ゴシック部分

ページ	用語	読み	解　説
57	浅間押し	あさまおし	天明3年の浅間山噴火で噴出し、鎌原村を襲った土石なだれのこと。
94	浅間砂	あさまずな	浅間山の噴火で降った火山灰。
66	亜炭層	あたんそう	石炭の中でもっとも炭化度が低いもの。
170	生きている化石	いきているかせき	現生生物ではあるが、過去の地質時代に繁栄した生物の生き残り。
62	板鼻層	いたはなそう	観音山丘陵をつくる地層で、新生代新第三紀中期中新世から後期中新世にかけて堆積した地層で下部は海中堆積物であるが上部は陸上堆積物で、堆積環境の変化が見られる。
3	海成層	かいせいそう	海でできた地層
160	下位段丘	かいだんきゅう	段丘は高位段丘、中位段丘、下位段丘、低位段丘に分類される。下位段丘は低位段丘より古い。
3	河岸段丘	かがんだんきゅう	河川に沿って発達する階段状の地形
160	下刻	かこく	河川などが流路の下を削って流れ、浸食される作用。
4	火砕流	かさいりゅう	火山砕屑物の流れで、「熱雲」、「軽石流」、「岩屑なだれ」を含めて「高温のマグマの細かい破片(火山灰等)が火山ガスとともに流れ下る現象」の総称
4	火砕流噴火	かさいりゅうふんか	火砕流をともなう火山の噴火。
25	火山屑流	かざんせつりゅう	岩石の破片、土壌、泥などが空気と混合して 一気に斜面を流れ下る現象
5	火山弾	かざんだん	火山噴火で放出される直径65mm 以上の融けたマグマの破片のこと、大気中で冷えて固まる
5	活火山	かつかざん	概ね過去1万年以内に噴火した火山及び現在活発な噴気活動のある火山
61	滑落崖	かつらくがい	地すべり土塊の最上部と地山の境界部分に現れる段差。
60	川越え地すべり	かわごえじすべり	地すべり土塊が川に面しているとき、末端隆起部が川の対岸に達しているような地すべりのこと
45	河角の震度階	かわすみのしんどかい	世界標準の12階級の震度階を日本風に翻案した震度階。気象庁震度階は8階級。

○インターネットのサイト

前橋地方気象台 HP

気象災害、火山災害、地震など各種の災害について

群馬県立図書館 HP

群馬の自然災害(平成25年開催　資料展示目録)

気象庁 HP

日々の天気図、ほか各種気象災害の記録、火山活動等の記録

国立情報学研究所

デジタル台風:100年天気図データベース　過去の天気図

群馬県 HP

マッピングぐんま(防災情報)

砂防課　　広報誌「群馬の砂防」

国土交通省 HP

国土交通省関東地方整備局　利根川水系砂防事務所「とねさぼう」

国土地理院 HP

地理院地図(Web 上で地形図が閲覧できる)関東平野北西縁断層帯関連資料

○主な参考資料

『群馬県史』（群馬県教育会編）
『市町村史(誌)』　町村合併以前の市町村でも発行している
上毛新聞ならびに各社の新聞縮刷版など　県立図書館で閲覧可能なものが多い。
『群馬県気象災害史』　前橋地方気象台1967年
『群馬県気象災害史』　日本気象協会前橋支部、1982
『群馬の気象百年』　前橋地方気象台1996年
『理科年表』（丸善株式会社）毎年発行している
群馬県埋蔵文化財調査事業団　発掘調査報告書各種　【以前は群馬県教育委員会】
上毛新聞社発行の特集刊行物　上毛新聞で見る群馬の20世紀ほか

【入手は難しいが、県立図書館や関係官署で閲覧できる場合もあります。】

○災害に関する資料や展示がある施設

前橋地方気象台

〒371-0026　群馬県前橋市大手町2-3-1
前橋地方合同庁舎11階

気象、地震、火山情報の解説、記録文書の照会等

027-896-1536　観測予報担当

譲原防災センター（譲原地すべり資料館）

〒370-1402　群馬県藤岡市譲原1722-1　0274-52-4225

見学希望日の一週間前までに電話もしくはファックスで予約申し込みが必要です。

地すべりの観測や監視の施設の見学ができます。

国土交通省関東地方整備局利根川水系砂防事務所で管理しています。

長野原町営浅間火山博物館・浅間園

〒377-1412　吾妻郡長野原町北軽井沢　0279-86-3000

浅間園は浅間高原最大の景勝地である鬼押出しの中にあります。鬼押出しの中を自由に探索できる自然遊歩道や、浅間火山や浅間高原の自然を紹介した浅間火山博物館によって、国立公園事業の一端を担っています。

群馬県立図書館

〒371-0017　前橋市日吉町1-9-1　027-231-3008

上毛新聞のバックナンバーの閲覧など、明治時代からの新聞記事の検索、閲覧ができる。

県内の災害関係の報告書などもあれば閲覧し、有料でコピーを入手できる。

あとがき

二〇一一年に発生した東北地方太平洋沖地震（東日本大震災）は、前例を見ないほどの甚大な被害を東北地方から関東地方までの太平洋沿岸地域にもたらしました。内陸部にあって震源域から遠い群馬県では、激しい揺れに驚きはしたものの、幸いにして建物倒壊や津波被害などの大きな被害をこうむることなく現在に至っています。しかし、首都直下地震など関東地方に震源をもつ大地震の発生が予測されていますのでよそ事にするわけには行きません。

二〇一四年の御嶽山噴火の惨禍は忘れられませんが、群馬県でも二〇一八年一月に、すでに活動を終えていたと思われていた草津白根山（本白根山）が突如噴火し、死傷者を出しています。しかし、江戸時代の浅間山噴火ではそれをはるかに上回る多数の犠牲者と被害が出ています。また、二〇一五年九月の関東・東北豪雨では、線状降水帯が東にそれて、群馬県は運良く難を免れましたが、同様の豪雨に見舞われたことが過去に何回もありましたので、備えは必要です。加えて、群馬県は海岸から離れているので、台風の上陸などからは無縁でした。しかし、専門家の中には温暖化の進行によっては関東地方を直撃するような台風の移動経路をシミュレーション予測する人がいるようですから油断はできません。

これまで本書で報告しているように、群馬県でも、地震災害、風水害、火山災害などと多種多様な災害が起き、犠牲者も多数に上ることがありました。「群馬県は自然災害が少ない。」という思い込みがあるようですが、決してそうではありません。前橋市や高崎市の人口密集地が古い浅間山から流れてきた土砂で埋め尽くされていることを考えるとき、こうしたできごとが今後も起こり得るのです。

これまでは私たちは運が良かっただけと考えて、避難方法や事前の対策など、災害に対する備えを地域ぐるみで固めることが重要です。

本書は一六人の執筆者による共同制作で、八人の編集委員が編集しました。

本書を出版するにあたって上毛新聞社出版部の富澤隆夫氏には、企画の段階から刊行にいたるまでご指導、ご配慮をいただきました。各執筆者の原稿制作に際しましては、松村行栄、松井雄司、吉川和男、久保誠二、中村正芳、飯島静男の各氏、群馬県地球温暖化防止活動推進センターのお世話になりました。

以上のみなさんに、厚くお礼申しあげます。

二〇一八年四月　「ぐんまの自然と災害」編集委員会

執筆者および編集委員◎

氏　名	編集委員
大塚富男	
北爪智啓	◎
黒岩俊明	
桜井　洌	◎事務局
清水直子	
東宮英文	◎
中島啓治	◎事務局
中村庄八	◎
野村　哲	◎
藤井光男	
宮崎重雄	
矢島祐介	◎
大澤澄可	
山岸勝治	◎事務局長
山岸良江	
吉羽興一	

ぐんまの自然と災害

2018年 6 月26日　初版発行

編　　集「ぐんまの自然と災害」編集委員会

発　　行　上毛新聞社事業局出版部
〒371-8666 群馬県前橋市古市町1-50-21
TEL（027）254-9966　Fax（027）254-9906